中国人民解放軍 2050年の野望

米軍打倒を目指す200万人の「私兵」

矢板明夫

ワニブックス
PLUS新書

まえがき

私は日本人残留孤児の2世として15歳まで中国の天津市に育ちました。周りの中国人と同じく地元の小中学校に通いました。1970年代末から80年代のことでした。

毎年3月5日、学校の授業が休みになります。子供たちは外に出て公園の掃除をしたり、老人ホームを慰問したりするなどの、社会奉仕を行います。「雷鋒《らいほう》に学ぶ日」の活動です。

本書中でも紹介しますが、雷鋒は1962年、若くして事故死した中国人民解放軍の兵士です。常に他人のために奉仕活動を行っていたと宣伝されています。日曜日などの休日も休まず、戦友の破れた靴下を繕ったり、駅に行って旅客の荷物運びを手伝ったり、交差点を渡る老人を助けたりしたといわれています。ただの「世話焼き」といえばそれまでですが、死去翌年の3月5日、毛沢東が「雷鋒同志に学ぼう」と呼びかけたため、たちまち道徳模範に祭り上げられました。それ以来毎年この日は、全国で雷鋒に学ぶ活動が展開されるようになりました。

　私が小学校に通っていた時に、雷鋒に学ぶキャンペーンはすでにマンネリ化し、形式化していました。というのは、全国の小中高の学生が一斉にボランティアを行うのですが、それを受け入れる場所が不十分だったからです。例えば、公園に行ってゴミ拾いをする場合、小学校の近くに公園は１つしかありません。６年生が午前中に行き、５年生が午後に行くことになります。そうすると午後にはゴミがすでに拾われているので、５年生のやることはなくなります。そこで公園で遊びます。途中、隣の学校の子供たちもゴミ拾いをするためにやってきます。「お前らは別のところに行け」などといって口論になり、喧嘩や乱闘に発展してしまうこともあり、道徳模範に学ぶ運動の趣旨とはかけ離れた結果になります。

　老人ホームの慰問も同じです。当時の中国に老人ホームはあまり多くなかったので、毎年３月５日に、同じ老人ホームに朝から晩まで子供たちがひっきりなしに訪れることになります。相手をする老人たちはヘトヘトになって、中には体調を崩す人さえ出る始末でした。

雷鋒のような模範人物を宣伝し、学ぶ運動を展開することで、共産党と人民解放軍のイメージアップを図り、国民の道徳心を向上させることが中国当局の狙いでした。中国の官製メディアが愛用する言葉に「軍民魚水情」という言葉があります。人民解放軍は人民を愛し、水と魚のように離れられない関係にあるという意味です。

雷鋒に学ぶ運動で、国民の道徳心が向上したかどうかは、疑問が残りますが、当時の中国の小中学生の間で、人民解放軍のイメージが非常に良かったことは事実です。軍用の帽子、カバン、ベルトなどを、親戚などを通じて手に入れ、学校に身につけていくことは、当時の子供にとって、友だちへの一番の自慢でした。

雷鋒以外にも、小中学校の教科書には人民解放軍の英雄が数多く登場しますが、代表的なのは董存瑞《とうそんずい》、黄継光《こうけいとう》の２人です。いずれも戦争の勝利のために自己犠牲になった兵士です。

董存瑞は１９４８年５月、河北省で起きた国民党軍との戦闘で、敵の橋形のトーチカ（機関銃や砲などを備えたコンクリート製の堅固な小型防御陣地）の爆破を担当しますが、トーチカの底部が地面から高すぎて、爆薬を仕掛けられないことに気付きます。そこで董存瑞は、片手で爆薬を高く掲げて導火線に火を付けて突入し、「同志たちよ、新中国のために突撃せよ」と叫び、犠牲となりました。

黄継光は1952年10月、朝鮮戦争中に連合国軍との戦いで、董存瑞と同じく、部隊の先進を阻む敵のトーチカの爆破を担当しました。何度も爆破を試みましたが成功せず、弾薬が尽きたところで、自らの体で機関銃の射撃孔を塞ぎ、犠牲となりました。

中国政府は、董存瑞と黄継光について「共産主義社会の実現という、人類を解放する事業のために、自分のすべてを捧げた英雄」と宣伝しています。

中国共産党は、人類発展の歴史について、原始社会→奴隷制社会→封建社会→資本主義社会→社会主義社会→共産主義社会の順番で進化していくと国民に教えていました。マルクス主義史観です。当時ほとんどの国民はそれを信じ、董や黄のような英雄は、人類の進歩のために勇敢に抵抗勢力と戦い、命を捨てた素晴らしい人物として、庶民から尊敬を集めていました。

一般国民に対してだけではなく、軍内でも思想教育は徹底的に進められました。思想教育といわれますが、実際に行なっていることは〝洗脳〟です。1980年代に入隊した兵士たちは、毎日、朝も夜も中央ラジオの官製メディアのニュースを聴くことが義務付けられていて、週1回、政治学習と称して、党の重要文献や共産党指導者の重要講話などを勉強する時間があります。

その内容についての試験も定期的に行なわれ、良い成績を取ることが昇進の条件でした。逆に言えば、毎日訓練に明け暮れる兵士たちは、官製メディアと軍内の思想教育以外、外部の情報と接触することができません。党への忠誠だけを誓い、董存瑞や黄継光のような英雄になることが求められ、ほかのことは何も考えないようにされていました。

北朝鮮など他の独裁的な社会主義国家も同じですが、共産党に洗脳された軍は不気味な武装集団といえます。

しかし、こうした軍民に対する思想教育の効果が長く続くことはありませんでした。最初のきっかけは、1989年の天安門事件です。デモを弾圧するため、人民解放軍が人民に銃口を向けました。軍は人民の味方ではなく、権力者の手先であることがはっきりしたことで、一般国民の間で、軍のイメージが著しく低下してしまいました。

その後、軍幹部が金儲けに走り、さまざまな特権を利用して巨万の富を手にしていることに国民は気付き始め、人民と軍は、もはや水と魚の関係ではなく、水と油の関係だといわれるようになりました。

さらにインターネット時代になり、自由に情報や意見を発信できるようになると、人々の不信は一層募ります。中国政府が道徳模範として宣伝してきた英雄たちのエピソードについて、「目撃者がいないはずだ」「物理的に不可能ではないか」といった疑問が多く寄せられるようになりました。

雷鋒も董存瑞も黄継光も政府の宣伝機関によって作られた「英雄」で、教え込まれた「実話」はまったくの虚構であるとの関係者の証言も次々と現れました。ここで中国当局の宣伝がほぼ破綻してしまいます。

軍現場への洗脳工作も携帯電話の登場によって大きく変わりました。兵士たちは休憩時間に携帯電話を通じて外部の情報を得ることができるようになりました。２０１７年以降、地方で発生した退役軍人による抗議デモを阻止する現場では、現役兵士が上官の命令を聞き流し、デモを全力で止めない場面も増えていると聞きます。ネットなどを通じて待遇改善を求める退役軍人たちの訴えを知り、心から同情していることが理由だそうです。

ある中国海軍関係者から聞いた話ですが、海軍では、かつては人気だった潜水艦勤務を希望する兵士が急減しているといいます。潜水艦に乗って出発すると、長い時間にわたって携帯電話が使えないというのがその理由です。

中国では１９９０年代から共産主義思想を信じる人が激減し、習近平政権の時代になると、共産党最高指導部のメンバーですら、それを信じている人はいないのではないかといわれています。

当然ながら、いまさら共産主義社会の実現や、人類の解放事業といった理想を語っても誰もついてきません。

そこで、習政権は方針を変更し、愛国主義教育と称して、ナショナリズムを煽ることを通じて、軍における共産党の求心力を高めることにしました。それが一定の効果を生んでいます。

代表的な例は２０１７年8月1日の「中国人民解放軍創建90年」に合わせて公開した映画「戦狼２」の効果です。興業収入が約１０００億円に達し、中国歴代最高の記録を更新したこの映画は、すべての解放軍兵士に鑑賞を義務付けた国策映画です。

宣伝ポスターには「犯我中華者、雖遠必誅」（我が中華を侵す者は、遠くても必ず殺す）と書かれています。中国の特殊部隊の元兵士がアフリカで反乱軍に立ち向かい、中国人や現地の人々の命を救うという内容です。「中国の正義が世界中のあらゆる敵を倒す」というテーマが全編に満ちあふれていました。

映画のハイライトはいくつもあります。「お前ら劣等民族は、弱々しく生き続ける運命だ」と言い放つ米国軍人に対し、元兵士が「バカ野郎、それは昔の話だ」と言い返す場面や、主人公が中国国旗を掲げた途端、アフリカの武装勢力同士が戦闘をやめて、避難する中国人たちの乗った車列を無事に通すというラストシーンなど、中国人の民族的自尊心をくすぐるシーンが数多く盛り込まれています。アフリカの武装勢力や米軍が登場するのは、現在の習政権が推進する巨大経済圏構想「一帯一路」や、米国との覇権争いの要素になっているものです。

映画関連グッズが爆発的に売れ、ゲームも人気を博しています。さらには、映画によって中国の若者たちの人民解放軍に対するイメージが改善したという中国メディアの調査結果も出ています。

映画という娯楽を通じて、国民と人民解放軍の兵士に対し、「中華民族の偉大なる復興に貢献することが新しい使命だ」と伝えることに成功したといえます。

中国当局が得意とする「宣伝戦」による洗脳工作はいまだに健在なのです。

筆者は中国政治を長年ウォッチしていますが、軍事問題の専門家ではありません。中国政治を観察する視点で、中国人民解放軍を観察し、その生い立ちや現状、そして野望をこの本を通じて提示できればと考えています。

最も強調したいのは、一党独裁政権が率いるこのいびつな軍隊が、昔も今も、そして将来も、民主主義国家である日本をはじめ周辺国にとって厄介な存在であり続けるということです。

本のタイトルは『中国人民解放軍2050年の野望』としました。2050年までに社会主義強国をめざす共産党政権の下、中国軍が現在の世界秩序にどのように対抗しようとしているのかについて分析したいというのが主旨です。

2019年になってから、日中関係は回復基調にありますが、中国の脅威が決して薄れたわけではありません。いまの中国人民解放軍は、虎視眈々と香港の制圧を狙っています。近い将来の台湾侵攻も視野に入れています。日本にとって他人事ではありません。次の目標は沖縄かもしれません。日本としては常に中国軍の動向に注意を払い、対外拡張の野心を警戒しなければならないと考えます。

この本の中で紹介したエピソードや、筆者の考え方などを通じて、読者の方々が中国軍の正体を知り、日本の将来を考える上で参考になれば、これほど嬉しいことはありません。

矢板　明夫

目次

第5章 登場した新たな脅威……127

中華人民共和国
0
500km
1:4,013,600
ロシア
カザフスタン
モンゴル
黒竜江省
吉林省
遼寧省
キルギス
新疆ウイグル自治区
内モンゴル自治区
北京市
天津市
河北省
朝鮮民主主義人民共和国
日本海
寧夏回族自治区
山西省
山東省
大韓民国
日本
青海省
甘粛省
陝西省
河南省
江蘇省
パキスタン
東シナ海
チベット自治区
四川省
重慶市
湖北省
安徽省
上海市
浙江省
ネパール
湖南省
江西省
ブータン
貴州省
福建省
雲南省
広西壮族自治区
広東省
台湾
(中華民国)
インド
バングラデシュ
ベトナム
ミャンマー
ラオス
海南省
南シナ海
タイ
フィリピン

第1章

人民解放軍が香港、台湾を制圧する日

不気味な未明の入城作戦

２０１９年８月29日未明、中国人民解放軍兵士を乗せた装甲車の車列が、香港と広東省深圳市の境界隣接地域にある皇崗検問所を通過して、香港の道路に入りました。多くの香港市民がその物々しい様子を目撃し、携帯電話で写真をとり、インターネットにアップしました。

ＳＮＳ上には「中国軍が市民を弾圧するために香港に入ってきた」「天安門事件の再来だ」といった書き込みが殺到しました。

その数時間後、中国国営新華社通信が「22回目の香港駐留部隊の交代作戦が無事に終了」とのニュースを配信、「今回の交代は香港駐留部隊法の交代規定によって施行されるもので、党中央軍事委員会の承認を受けた正常な定例作戦」だと説明しました。その上で、兵士を乗せた軍艦が香港の港に到着する写真も公開し、香港に入った兵士は陸路だけではなく、海からの部隊もあったことを明らかにしました。国営中央テレビ（ＣＣＴＶ）もほぼ同じ時間、迷彩服を着た解放軍兵士が装甲車や軍艦に乗り込み、香港に入っていく映像を放映しました。

中国国防部の任国強《にんこっきょう》報道官は同日、記者会見を開き、「香港の人民解放軍部隊は党中央の指示に従い、香港の安定と繁栄を守る能力と決意がある」と強調しました。

香港が１９９７年7月1日に中国に返還されたのち、中国軍が駐屯するようになり、これまでに21回の交代が行われましたが、「こんなに物騒な交代は初めてだ」と香港紙のベテラン記者が証言しました。この記者は「これまでは、兵士たちがバスに乗ってくることがほとんどで、装甲車の車列を見たのは１９９７年の返還式以来だ」と話しました。

中国の官製メディアが軍交代の様子を公開し、大々的に報じたことも初めてだといい、「中国は香港のデモにいつでも武力介入できると香港当局と市民を恫喝する意味がある」と指摘する声がありました。

公開資料によれば、人民解放軍駐香港部隊は約６０００人の陸軍と艦艇大隊、航空兵団で構成され、指揮権は北京の中央軍事委員会にあります。駐留経費は中央政府が負担し、香港行政長官は必要時に中央政府の国務院を通じて、出動を要請できることになっています。

今回の交代で、少なくとも数千人の兵士が香港に入ったことが確認され、兵力が大幅に増強されたことは間違いありません。

要求に応じない強硬姿勢

中国人民解放軍の交代作戦が実施された8月まで、香港で約半年間にわたり、反政府デモが続いていました。刑事事件容疑者を香港から中国大陸・台湾・マカオにも引き渡すことを可能とする「逃亡犯条例」の改正をめぐる市民の反発がきっかけでした。

週末ごとに市中心部に大規模なデモ行進・集会が発生し、7月以降は警察との衝突による催涙弾の使用も常態化しました。8月から大規模なストライキが発動され、鉄道・バスの運休に加え、香港空港発着の航空便も大量欠航する事態に至りました。

8月18日のデモで、参加者は政府に対し

①条例改正案の全面撤回

②これまでに起きた衝突を「暴動」と認定したことを撤回

③デモ参加者への刑事責任追及の撤回
④警察による暴力行為の調査
⑤香港の行政長官、林鄭月娥の辞任と直接選挙の実現
――の５つを要求しました。

その中で⑤の後半にある直接選挙の実現が最も重要な要求で、「今後の中央政府と香港市民との攻防の中心になる」といわれています。

２０１９年現在の香港の行政長官選挙は、約１２００人の選挙委員会メンバーによる投票で選ぶことになっています。しかし、この１２００人は実質、中央政府の指名を受けているため、親中派の行政長官しか選ばれないことになっています。しかし、もはや反中派市民が圧倒的多数となっている今、直接選挙を導入すれば、反中派が当選するのは必至で、中国当局の香港へのコントロールを失うことを意味します。中国としては絶対に受け入れられない要求です。

中国の官製メディアは、「香港で起きていることは決して自由、民主と人権の問題ではなく、香港を混乱させるための攪乱《かくらん》工作であり、香港特区と中央政府に対する挑戦

だ」と断じ、「中央政府は原則問題で妥協することは絶対にない」（『人民日報』）と宣言しました。

習政権は8月下旬から、香港問題で強硬姿勢に転じ、隣接する広東省周辺に、数万人単位の武装警察を集結させ、軍事介入させる準備をし始めました。

8月29日の大規模な軍の交代作戦は、デモに参加してきた香港市民への恫喝だけではなく、デモの長期化を許した香港市当局に対し「強硬手段を行使しなければ我々が弾圧する」という無言の圧力でもありました。

人民解放軍が香港に入った翌日、香港政府はデモの主導者3人を拘束し、同月31日デモ申請を却下しました。軍の圧力の効果がすぐに現れた形となりました。香港紙によれば、林鄭月娥行政長官は、事実上の戒厳令である「緊急法」を52年ぶりに発動することを検討し、デモの早期の収束を図ろうとしています。

暴力団に指示を出して動乱を画策

共産党関係者によれば、党中央は香港の警察力による秩序回復を目指しています。しかし、香港政府が主導する「緊急法」がうまくいかなければ、香港基本法第18条を適用し、非常事態を宣言して武装警察を投入することを視野に入れています。

習政権が最も警戒しているのは、香港市民の抗議が長期化し、中国国内の都市に波及することです。

今回の香港デモが１９８９年の天安門事件や、２０１４年の香港の雨傘運動と大きく異なる点は、抗議する市民が市中心部の広場などを占拠し続けたわけではなく、週末ごとに市中心部に集まってくるスタイルをとっていることです。そのため、強制排除という手段はとらず、何らかの方法で市民たちによるデモを事前に阻止する必要があります。しかし、今の香港の法律では、無許可デモに参加するだけで厳罰に処することはできません。

参加者を逮捕しても、警察への暴力行為がなければ、短期間で釈放しなければならず、デモを阻止する効果はほとんどありません。

そこで考えられるのが、香港基本法第18条の適用です。中央政府が香港政府の要請を受ける形で非常事態を宣言し、秩序回復との名目で軍や武装警察部隊を送り込み、デモのリーダーたちを拘束することです。

１９９７年の香港返還前に、中国政府と香港の有識者らが作った法律、香港基本法の第18条には、「香港政府が統制できない動乱が発生し、緊急事態に突入した場合、中央人民政府は関連する全国規模の法律を香港で実施する命令を発令することができる」という趣旨の規定があります。

つまり、18条が適用された場合は、香港の現在のすべての法律が失効し、中国の軍警が香港に入り、国内法に基づいて、デモの主導者と参加者などを逮捕し、その身柄を中国本土に連行して裁判にかけられるということです。そうすれば、デモは短期間に沈静化すると中国当局はみています。

しかし18条を発動させる前提条件は、香港で「大きな動乱」が発生することが必要です。中国当局は、広東省から私服警察などを大量派遣し、地元の暴力団と連携しデモに合わせて人為的な混乱を作り出すことを計画しているとの情報があります。

香港の警察はすでに、中国本土から来たとみられる不審車両から、火炎瓶や大きな刀などを何度も押収しています。また、７月末には香港西北部の元朗地域などで、「白い服」を着た暴徒の集団がデモ参加者を襲撃した事件も発生しました。香港紙記者によれば、襲撃したのは地元最大の暴力団、三合会の傘下組織で、14Ｋ、和勝和、和安楽（水房）の３つの団体のメンバーが含まれていることが確認されました。

不法滞在の若い中国人女性による売春や、中国から密輸した麻薬などを資金源としている香港の暴力団が、広東省警察と密接な関係を維持していることは周知の事実で、襲撃は広東省の警察の意向を受けたものだと指摘されています。

香港のデモの主催者も、中国当局が香港の混乱を口実に、武装警察を投入する可能性を警戒し、デモの参加者に対し「冷静、理性、秩序」を訴え、トマトや卵などを投げる行為を禁止しました。それでも、香港の警察が暴徒に襲われ発砲する事件が起き、中国当局による攪乱作戦は続けられていると指摘する声もありました。

「香港の将来はどうなるか」について、香港情勢に詳しいある中国人学者はこのように分析しました。

「2014年に雨傘運動と呼ばれた反政府デモが数カ月続いた。今回の抗議デモは半年を超えた。香港市民と中央政府の対立はすでに構造的なものとなった。香港政府の力で収束させたとしても、近い将来、必ず同じようなことが起きる。中央政府が香港市民の直接選挙の要求を受け入れなければ、軍による香港介入は時間の問題だ」

中国政府の香港への介入は、あくまで台湾への武力介入の「実験」にすぎず、中華民族の偉大なる復興というスローガンを掲げる習近平政権が、本当に狙っているのは、台湾との統一だとする見方もあります。

台湾問題の解決は2025年までに

2018年の全国人民代表大会（全人代）で憲法改正が行われ、メディアが注目したのは2期10年だった国家主席の任期が撤廃されたことでした。これによって習近平は終身、独走するのではないか、と注目されました。憲法改正と同時に習近平思想が憲法の中に盛り込まれたのですが、中身は何もないスカスカのもので、「思想」と呼べるものではありませんでした。何年までに何をやるといった、目標を並べただけですが、この中で注目されたのは、２０５０年までに中国を社会主義強国にするというものです。

軍はこれを次のように拡大解釈しました。強国であるためには、失地回復をしなければならない。自国の領土が外国に占拠されている状況では、とても強国であるとはいえない――。そのロジックからすると、中国はまだ外国に占拠されている場所があります。尖閣諸島、カシミール地方、ベトナムの西沙諸島、南沙諸島などです。一部の過激派の解釈では樺太も含まれます。樺太は清朝時代に清の版図に入ったことがあります。外モンゴルもまた清の版図でしたが、ソ連にそそのかされて独立しました。だからそこも取り戻そうという意見もありますが、あとの２つについては領有を主張していないため、少なくとも領土問題としては前の４つが存在するわけです。

その中で外国と領土をめぐるトラブルになっていないのが台湾です。中国にとって一番先に簡単に解決できそうなのが台湾問題。ほかは確実に外国とトラブルになります。２０５０年までに社会主義強国を実現するという目標を打ち立てるならば、おのずと解決へのタイムテーブルができあがります。党大会のあと、中国各地でシンポジウムが開かれ、習近平の思想を忖度した軍の専門家たちが、タイムテーブルを作り論文を発表しました。その中で一番多かったのが、2020年から2025年の間に台湾問題を解決すべきだという意見でした。

話し合いから戦争モードに突き進む

台湾は1945年までは日本の一部で、日本は敗戦によって台湾の領有を放棄しました。その後、国民党が台湾に入ってきて支配しましたが、「日本は台湾を放棄したけれども、台湾をどこに明け渡すかについては言及していない。それを勝手に中国は取ったのだから、台湾は独立すべきだ」という主張(台湾地位未定論)もあり、今も独立論は根強くあります。

一方、中国人民解放軍は「中国は1949年から1950年にかけて南部の海南島を〝解放〟した。次は台湾だ」ということで、どんどん台湾に攻めていこうとしました。台湾は海南島と地理的に似ていて、海を渡らないと行けません。しかし、中国には台湾に渡る船がありません。漁船などを集めて台湾の支配する金門島を攻めたのですが、結局、惨敗してしまいました。船が足りなくなったため、さらに集めたり新しく造ったりしているうちに、１９５０年、朝鮮戦争が勃発しました。アメリカは汚職まみれの国民党政権に対してすでに嫌気がさしており、「台湾を守らなくてよい」という雰囲気になってはいましたが、このまま共産主義が拡大して、赤化が進むことを懸念し、第７艦隊を台湾海峡に派遣しました。それによって中国の台湾侵攻は物理的に不可能になり、あきらめざるを得ない状況になりました。

１９５８年８月に金門砲撃戦（第２次台湾海峡危機）が起きましたが、これはあくまでも国際社会へのポーズでした。中国は本気で台湾侵攻を考えていたわけではありません。中国は海軍力が弱く、陸軍を台湾に運んでいって攻めるという発想しか毛沢東の頭にはありませんでした。当時は冷戦のさなかでしたから、中国はアメリカやソ連とも対立し、国内では大躍進政策のために大混乱し、とても台湾に対する武力行使ができる状況ではなかったのです。

毛沢東時代が終わり、鄧小平時代になり、今度は話し合いによって台湾問題を解決しようということになりました。鄧小平と当時の台湾の総統、蔣経国の2人はモスクワに留学したときの同級生でした。密使を通じてときどき手紙のやり取りをしていて、台湾を平和解決しようということになりました。そのとき、鄧小平が思いついたのが「一国二制度」です。台湾が中国に戻ってきたとしても台湾は軍も法律も議会も持っているので、1つの国を2つの制度で運営することとし、あとは具体的な条件面での交渉を始めようとしていました。

当時、ストップしたままだった三通（通商、通航、通郵）が再開され、いよいよトップ会談が実現する直前になって突然、蔣経国が急死します。進みかかっていた台湾問題の解決は中断してしまいました。蔣経国自身も「自分は中国人である」というアイデンティティーを持っていましたから、いつかは国を統一したいという思いがありました。だからこそ密使を送って話し合いが続けられていて、両国はまったく戦争モードではありませんでした。

1988年1月、蔣経国の急死のあと、李登輝が台湾の総統に就任しました。やがて中国では天安門事件（1989年）が発生します。もう統一の話どころではなくなりました。李登輝も天安門事件で戦車を出して市民を弾圧する中国を見て驚き、交渉の機運は一気に遠のきましたが、１９９２年に香港で窓口機関による会談が行われ、いわゆる「92年コンセンサス」が合意されました。この合意の内容については、さまざまな解釈がありますが、当時の新聞報道では、双方が「１つの中国」という原則を確認して、話を前に進めようということになりました。

しかし、１９９６年の台湾の総統選挙で、緊張が高まります。選挙には４人が立候補しました。１人は彭明敏という李登輝の友人で積極的な台湾独立派です。李登輝自身は国民党から立候補しましたが、これに対し中国との統一を主張する候補者２人も出馬しました。もし総統選挙で李登輝が台湾独立志向を全面的に打ち出したらまずいということから、中国は軍事演習を行い、ミサイル実験で威嚇しました。それに対して国際社会は非難を強め、アメリカが空母を派遣して介入する事態になり、戦争モードがピークに達しました。

失敗続きの習近平の台湾政策

習近平はこうした中、1985年に福建省にアモイの副市長として赴任しました。アモイは台湾への最前線です。改革開放がスタートした直後で、彼は台湾のビジネスマンとも交流があり、ずっと台湾問題にかかわってきました。習近平は17年間も福建省にいたので、自分こそ台湾問題を解決する第一の専門家であると自負していました。習近平はその後、福建省から浙江省に移り中央入りを果たしましたが、抜擢した部下は福建省時代の幹部たちが半分くらいを占めました。みんな、台湾問題の専門家たちです。

習近平は台湾問題を自分の手で解決したいという考えを強く持っており、2015年に、台湾の馬英九総統とシンガポールでトップ会談を行いました。任期中に台湾問題を解決したいというのが、習近平の悲願です。祖国統一は「中華民族の偉大なる復興」に向けた最優先課題の1つでもあるからです。

しかし、習近平の台湾政策は大失敗します。習近平は軍などの保守派を支持基盤としています。そのため、恫喝的なことを言ったり、高圧的な態度をとることが多く、それが周囲の顰蹙を買っていました。馬英九に会ったのはいいけれども、その成果はまったくなく、次の総統選挙で国民党は惨敗、反対に独立志向の強い蔡英文政権を誕生させてしまうことになります。

２０１９年1月2日、習近平は台湾問題について演説を行いました。そこで「武力行使は放棄しない」ということに再び言及します。また「一国二制度」という言葉も持ち出しました。「一国二制度」は、相手に統一を強要する表現です。江沢民や胡錦濤は「一国二制度」という言葉をほとんど使わず、「平和発展」というような言葉を使っていました。経済を発展させて両岸の融合を図ろうとしたわけですが、使われなくなっていた言葉を習近平は再び持ち出したのです。その背景には、台湾問題を早く解決したいという焦りがあったと思います。「武力行使」という言葉などは、まるで鄧小平時代に先祖返りしたかのようです。

蔡英文政権は、２０１８年11月の統一地方選挙で惨敗しましたが、習近平の高圧的態度によって、台湾の有権者は一斉に中国に対する反発を強め、２０２０年1月に行われる総統選挙で再選される可能性が高くなってきました。もし再選されれば、習近平の台湾政策はまた大失敗することになります。胡錦濤時代には国民党の馬英九政権が誕生して再選を果たしているのに、習近平時代には独立志向の蔡英文政権が誕生し、そればかりか再選まで果たしたということになれば、目も当てられません。習近平は国民党政権が復活すれば、平和協定を通じて、台湾問題の解決を目指すと思いますが、それができない場合は武力行使もいとわない現実的な対応をとるのではないかと思われます。

狙うのはクリミア式「ハイブリッド戦争」

武力行使する場合、今までのやり方は、ミサイルで台湾を攻撃して上陸するというものでした。しかしそれでは国際社会から孤立し、特に米軍の出動につながります。台湾は「中国が攻めてきたら24時間は抵抗してくれ」とアメリカから言われています。そうすればグアムなどの米軍基地から軍が到着できるからです。昔は72時間と言われており、台湾の議会でも、実際に何時間耐えられるのかという質問がありました。さすがに米軍が入ってくれれば、日本も重要影響事態法（旧周辺事態法）が発動されて、中国は国連軍や有志連合軍などを相手に戦うようなことになります。そういうことをシミュレーションすれば、今までのスタイルで武力行使を行うことは現実的ではありません。

そこで中国が考えているのがクリミア方式です。習近平とプーチンは30～40回くらい会談していますが、会うたびにそういう話題になっているようです。また中国の専門家をロシアに派遣したり、ロシアの専門家を中国に呼んだりして、クリミア方式、いわゆるハイブリッド戦争について議論しています。ハイブリッド戦争というのは、特殊部隊や民兵などを使って情報操作や工作活動などを行い、非軍事的手段で撹乱する新しい作戦形式のことをいいます。その方式で台湾に侵攻できないかというわけです。

そこで行われているのが、まず台湾を国際社会から孤立させることです。現在、中国はいろいろな方法を使って、台湾と国交のある国をひきはがしています。蔡英文政権が発足したとき、台湾は23カ国と国交がありましたが、今は16カ国に減っています。バチカンも台湾と国交を断絶するのは時間の問題といわれています。

また、あらゆる国際組織から台湾を追い出すためにかなり強引な手を使っています。たとえば今年8月に台中市で開催予定だった東アジア・ユース競技大会を妨害して中止に追い込みました。そうやって台湾を国際社会から締め出し、台湾が完全に孤立すれば、台湾問題は中国の「内政問題」になります。

地下組織を利用して親中派を育成

さらに、香港でも実行されていますが、台湾のやくざ組織を親中派にしています。台湾には天道盟、四海幇、竹聯幇など、やくざ組織が3つほどあります。四海幇と竹聯幇は外省系で、清朝時代の秘密結社がそのまま台湾に渡ってきた組織です。これらの親分たちは福建省や広東省などにいて、いろいろな利権を持ち、会社経営をしています。そして携帯電話を通じて、子分に指示を出し、台湾でいろいろな工作をしています。

福建省に長くいる白狼というやくざの親分は現在、台湾で親中政党を作っています。日本台湾交流協会の前で抗議行動をしているのはだいたい彼らです。台湾で有名な日本人技師、八田與一の像の首を切ったり、日本統治後の神社の狛犬を破壊したりしたのも彼らによるものです。また、台湾独立のデモがあれば、組織の子分を使って暴行して脅したり、五星紅旗を車に掲げて走ったりしています。これらの活動資金は全部中国から出ているといわれています。

台湾に存在する地下放送も同じです。もともとは台湾の民主化時代に地下に潜って国民党政権に対する批判をラジオで流したりしていました。最大で２００社くらいあるといわれます。陳水扁時代に台湾の民主化に貢献したという理由で、いったん地下放送が合法化されましたが、合法化されたら税金を支払わなければならず、怪しげな薬などの広告を出してもいけない、放送時間も決めなければならないなどの理由から廃業してしまい、ほとんどが地下に再び潜ってしまったのです。

現在この地下放送も実はやくざ組織の資金源になっています。もともとは台湾のアイデンティティーを求めて、国民党独裁政権と闘う側の人たちだったのが、金がもらえるということで、どんどん親中派のほうへ流れていったのです。ただし、直接中国共産党を称揚するのではなく、蔡英文政権を批判したり、民進党の中の過激なグループたちと対立するなどして、民進党全体のイメージを落とす作戦を展開しています。

混乱を煽り中国人民解放軍の出動を待つ

選挙についても中国から資金が流れています。台湾にはブックメーカーが数多くありますが、共産党の金が入っています。たとえば２０１８年の統一地方選挙では、高雄市長選挙で国民党の韓国瑜と民進党の陳其邁が争い、五分五分という情勢でした。そのときブックメーカーでは韓に25万票のハンディがついていました。つまり韓が負けても票差が25万票以下なら、韓の勝ちというものでした。そうするとみんな韓のほうに賭けるわけです。結局、韓は14万票以上陳を引き離して勝ちました。ブックメーカーは大損しましたが、国民党の韓が勝ったのですから、中国としてはそれでよかったわけです。ブックメーカーはだいたいがやくざ組織で、中国はこれを利用して台湾の地下社会を完全にコントロールしているのです。

さらに習近平はあらゆる方法で台湾を混乱させようと目論んでいます。たとえばフェイクニュースを流すのもそのひとつです。さらに選挙で負けたほうの支持者がデモを起こしたりすれば、やくざ組織を使って混乱を煽《あお》り、台湾の秩序回復のために人民解放軍が出兵する――そして国際社会がまだ反応できないうちに、クリミアのようにそこを取ってしまおうというわけです。これが習近平の台湾侵攻のシナリオといわれています。

もう１つ台湾にとって不都合なのは、台湾の軍の情報機関に外省人が多いことです。もともと蔣介石が台湾のような小さい島に１００万人もの軍人を連れてきたため、上は外省人ばかりで台湾には彼らの親戚もいません。だから人脈は軍の中にしかなく、子供を軍人幹部にするしかありません。情報機関も同じで今、幹部になっているのは外省人の２世、３世たちです。

台湾軍の若い兵士はみな台湾人ですが、上層部は外省人のネットワークでがんじがらめになっていて、台湾人はいくら優秀でも出世ができません。軍の中で出世しているのは外省人ばかりです。彼らは自分たちを中国人だと思っているので、みんな中国を統一したいと願っているわけです。

しかも中国は外省人である退役軍人をいろいろなイベントに呼んだり、「顧問」の肩書を与えたりするなどして関係を結んでいます。退役軍人たちは中国に住み着き、その息子たちは台湾の軍指導部にいるのです。だからいくら政権が交代しても、軍の指導部はほぼ中国の意向に沿うような状況です。やくざ組織も中国が牛耳っているわけですから、まさにハイブリッド作戦の条件は整っているというわけです。

台湾はクリミアと違って、自国アイデンティティーが強く、中国と統一したいという世論がそれほど強いわけではありませんが、本音では「独立しようとすれば中国が攻めてくる。それが怖いので、独立はしたくない」という住民が多いのです。しかし中国はそれを「彼らは統一を望んでいる」と解釈しています。いざというときに台湾に大量の軍を送り込み、秩序を回復するという準備を人民解放軍は進めているのです。

この章の冒頭に説明した香港で起きたことは、まさに台湾に対するモデルになります。将来、台湾の統一に際して同じ手を使えるのではないかというわけです。

台湾では2020年1月に総統選挙が行われます。これに向けて中国はいろいろな手を使って選挙妨害をしてくるでしょう。実際に中国や北朝鮮、ロシアなどが他の国の選挙妨害に関与しているケースは多々あります。たとえば米大統領選挙ではロシアがトランプ陣営の選挙戦に干渉していた疑惑が浮上しました。イギリスのEU離脱問題もロシアが裏でうごいているといわれ、韓国の朴槿恵前大統領の弾劾は、北朝鮮がネットで世論を誘導していたとされています。2018年の台湾の統一地方選挙では中国が工作を仕掛けたほか、オーストラリアの選挙にも介入したという情報があります。これからもそうした国はますますノウハウを蓄積していくはずです。これがどのように影響していくかをみなければなりません。今のところ日本に中国からの関与はないと思われますが、その気になれば日本の選挙にも影響を及ぼすことができるはずです。

中国は南シナ海をいかにして奪ったか

もう1つの領有権問題の南シナ海にも触れておきます。南シナ海はもともと日本が占領していました。第2次世界大戦で日本が負けてアメリカが南シナ海の島々を占拠しましたが、アメリカという国に領土の野心があり、これら全部をアメリカ領にすれば問題も生まれなかったでしょう。しかしアメリカにはそのような野心はなく、当事国だった東南アジアの国々も、国の独立や内戦でとても離島にまでは目がいきませんでした。そこで介入してきたのが中国です。

この島々を全部奪おうと考え、高官が１９４７年にアメリカの軍艦に乗って、南シナ海に下ったのです。そこでできたのがいわゆる「９段線」です。

当時は「11段線」でした。本来であれば地図を領土に示す実線を引けばよいのですが、根拠がないので、点線にしたのです。点線では何のことか意味が不明です。実線を引いて、このラインの内側の島は全部、中国領だと宣言したほうがわかりやすいはずです。

中国が主張する9段線

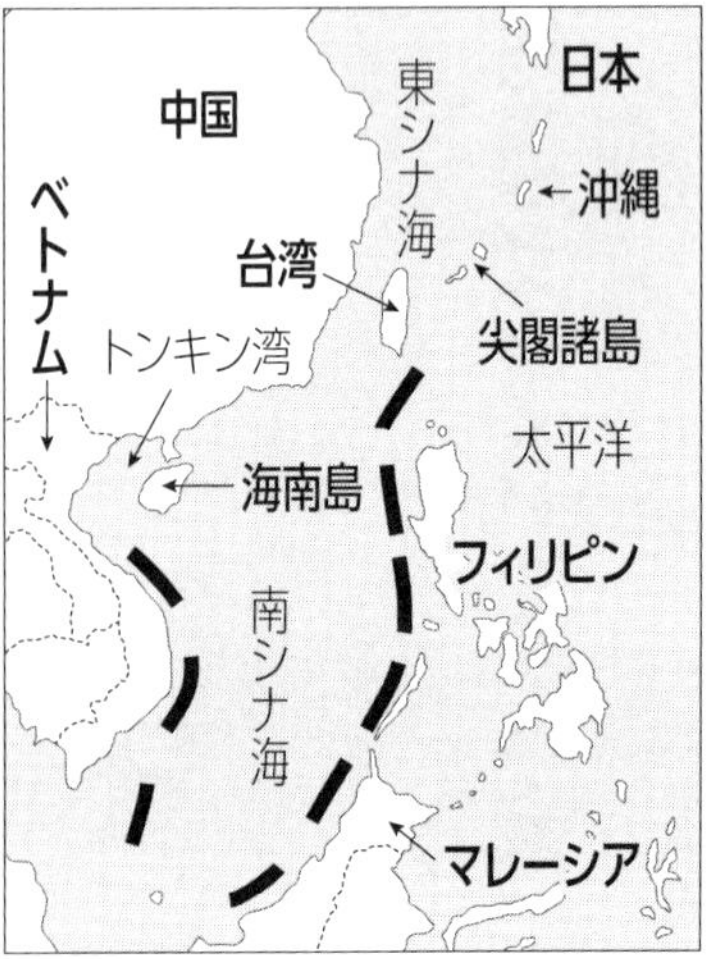

国際法では島があれば、その周辺12カイリが領海で、２００カイリが排他的経済水域と定められ、そのほかは公海です。実線を引いてしまえば内港、つまり国内の湖と同じ扱いで完全に領土の一部となり、外国の船が立ち入ることはできません。しかし、中国はこれを点線にしました。

つまり「外国の船は通っても構わな

いが、ここは中国領である」というものです。

まるで世界中の人が将棋をやっているのに、中国だけが囲碁をやっているようなものです。もちろん「９段線」の根拠は国際社会にも認められていません。もともと「11段線」だったのですが、中国はベトナムと仲が良かったので、毛沢東時代に２つの点線の部分だけベトナムに譲与したのです。だから「９段線」になったのですが、要するにかなりいい加減な代物です。習近平は一度、うっかり、「南シナ海は私たちの祖先が残してくれたのだ」と失言して、「では、あなたの祖先は蒋介石だったのか」と、突っ込まれたことがありました。

南シナ海で現在、中国が実効支配している島は８つしかありません。中国には海軍力がないために遠くに行けませんでしたが、最近海軍力を増強し、大きい島を占領して工事を行い、軍事施設を作り始めました。これを見て海外の国々が焦り始めました。

中国はこれまで海軍力もない上、無人島で水もなく生活もできないこの地域を無視してきました。しかし習近平政権になってから、南シナ海の島々の領有を主張し始めたのですが、当初は魚をとることを命じて、漁船を派遣しました。しかし、島は本土から非常に遠く、日本を縦断するほどの距離があります。ガソリン代の方が高くつくので漁船が魚をとっても採算が合いません。そこでガソリン代や補助金を出すことにしました。しかし補助金だけをもらって現地に行かない漁民が多いため、軍の船を現地に出して、実際に来た漁船にだけハンコを押すことにしたのですが、今度はハンコを偽造する船が現れました。そんなことをやりながらも、どんどんと実効支配を拡大していき、南シナ海の大きな島は全部、中国が奪ってしまいました。

これに我慢ができなくなったフィリピンが２０１４年に常設仲裁裁判所に提訴しました。中国は争えば話を長引かせることができましたが、争うことができませんでした。なぜなら、中国自身が南沙諸島領有の根拠をわかっていないからです。争えば説明に窮してしまいます。南シナ海は領海でもなければ経済水域でもありません。「９段線」という中国独自のルールに基づいていますから、まったく争うことができないのです。

だから裁判でフィリピンに負けても、これに応じないばかりか、判決文を「紙くずだ」と言って無視しました。しかし国際社会は、「９段線」は中国の自己満足にすぎないことをみんな、わかっています。中国は、西沙諸島に明や宋の時代の皿などを持っていって地中に埋めて、それを掘り出し、「その時代から中国はここに来ていた」という勝手な主張をしていますが、中国の主張はいずれもこれと同じようなものです。

出番の機会を狙う北海艦隊

今、東アジアの情勢は大きく変わりつつあります。これに伴い、今後、中国の海軍にも大きな変化があるかもしれません。中国海軍には３つの艦隊、つまり北海艦隊、東海艦隊、南海艦隊があり、それぞれに役割分担があります。もともとのエースは東海艦隊です。なぜかというと台湾問題を扱っているからです。この東海艦隊は尖閣諸島も担当しており、日本周辺に船を派遣したり、台湾周辺に飛行機を飛ばしたりしていますが、数年前から南海艦隊も重視されるようになりました。それは南シナ海の問題があるからです。また、ソマリアの海賊対策でも中国は南海艦隊の軍艦を出しています。南海艦隊の活動する範囲がどんどん膨らんで、「一帯一路」や「真珠の首飾り作戦」の中で南海艦隊は利権を拡大させています。中国は海外のあちこちで海軍基地を造っていますが、それも南海艦隊のカテゴリーです。

南は特に威勢がよく、東も尖閣や台湾を抱えているので元気なのですが、問題は北がパッとしないことです。北にはロシアがありますが、現在は友好的な関係です。最近、米朝が急に握手をするようになって関係が改善したことで、アメリカが米韓軍事演習を中止するなど、動きが活発になってきている上、在韓米軍の縮小や撤退もかなり現実味を帯び始めています。そうなると北海艦隊も勢いづいてきます。

在韓米軍が北朝鮮を牽制するというのはあくまで口実です。北朝鮮のような国は牽制する必要もないのです。その気になれば1日か2日でカタがつくわけで、基本的には中国に対する牽制が目的です。在韓米軍がなくなれば、将来的には在日米軍もなくなるかもしれません。そうなれば、北海艦隊を牽制する米軍がいなくなってしまいます。北東アジアの軍事バランスが完全に崩れてしまい、日本海周辺では一気に中国海軍のプレゼンスが拡大するでしょう。

今、日本は南ばかりを見ていて、北を見ていないように見えるかもしれませんが、それは在韓米軍があるからです。米軍がいなくなれば北朝鮮の脅威よりも、日本海周辺に一気に中国の軍艦が出てきて、新潟県や秋田県、山形県などが中国の脅威にさらされることも十分にあり得ます。北海艦隊もそれをすでに意識して、機会を狙っているということです。

このような中国の習近平指導部、そして人民解放軍はまさに対外拡張する動きを強め、香港、台湾に限らず、東シナ海、南シナ海へと膨張し、近隣諸国にとって大きな脅威となっています。

次の章で、中国人民解放軍の生い立ちとその異質さについて詳しく説明したいと思います。

第2章　中国人民解放軍の誕生

なぜ今も「解放軍」なのか

中国人民解放軍が今もその名前を変えていないのは、台湾を「解放」できていないからです。人民解放軍とは失地回復の軍隊という意味です。台湾だけでなく南シナ海の島々や尖閣諸島など中国の「領土」を全部、解放しなければならないという、非常に目的性の強い軍だといえます。

中国人民解放軍はもともと、農民一揆から発生して、国民党軍を乗っ取り、毛沢東の私兵となり、日中戦争で生き延びたというところに特徴があります。その最大の強みは土地政策であり、出自の歴史は嘘で固められています。

中国人民解放軍は、ほかの国の軍とはまったく異質です。要するに中国という国の軍ではなくて、共産党の軍であると同時に、共産党の最高指導者の私兵という性格を強く持っています。そして共産党の最高指導者が代わるたびに、激しい権力闘争に巻き込まれていきます。ここではそうした中国人民解放軍の生い立ちについて述べたいと思います。

農民を扇動して革命を起こす

中国共産党は、共産主義に燃えた、貧富の差や資本家が労働者を搾取する現状に不満を持った知識人たちの政党でした。１９２１年7月に上海で設立され、そのときの参加者はほとんどが知識人でした。

リーダーは「南陳北李」と呼ばれる人で、陳というのは安徽省出身の陳独秀、李というのは河北省出身の李大釗です。２人とも北京大学出身と早稲田大学で学んでいます。日本でマルクス主義に出会い、『資本論』や『共産党宣言』などといった本に感激して、中国に戻ってきて共産主義思想を広めたのです。

１９２１年に第1回党大会が開かれたときは、陳独秀も李大釗も多忙を理由に欠席しています。２人とも大会を重要視していなかったです。第1回党大会は13人の代表が参加していますが、その中に毛沢東がいました。毛沢東は参加者の中の末席で、ぺーぺーでした。実は、同じ湖南省から参加した何叔衡のカバン持ちだったといわれています。しかし今の共産党の歴史は、そのようには教えていません。

ほかの参加者たちはみな、『資本論』などを読んで感動した知識人たちで、陳と李の教え子が複数いました。しかし、共産革命が中国で大きくなっていくと、どんどん知識人たちは排除されていきました。李大釗は軍閥に処刑されてしまい、陳独秀は権力闘争によって追い出されます。共産党大会に参加した13人のうち、毛沢東と董必武以外は共産党から殺されたり、追い出されたりしました。また、党大会に参加できなかった他のリーダーたちも排除されました。残ったのは農民やごろつき、社会に不満を持っている人間などで、そういう人たちが共産党に入っていきました。

共産党軍というのは、国民党の軍を乗っ取る形で成立しました。これは孫文が悪いのです。孫文が1911年に辛亥革命を起こして、その後、国内で袁世凱との権力闘争に敗れます。そこでソ連の支持を得て武器やお金の支援を受けるのですが、その代わりに国内の共産党を容認することを承諾しました。ここで国民党と共産党の国共合作ができあがります（第1次国共合作）。この合作によって、国民党は共産党を取り締まることが禁止されました。共産党を容認したために共産党員が国民党の中に入りこんで仲間を増やし、その結果、国民党軍の一部部隊は共産党の管理下に置かれてしまいます。

共産党は各地域で、地主の土地を没収して農民に分配するという土地革命を始めました。マルクスが想定した共産主義というのは、労働者が資本家に対して立ち上がるというものですが、当時の中国というのは工業がほとんどなかったので、労働者の数が極端に少なく、上海や北京など一部の大都市にしか労働者はいないので、とても共産革命を起こす条件は整っていませんでした。そこで共産党がとった手法が、農民たちを扇動して、地主から土地を奪うというものでした。これは歴史上、中国で何度も起きている農民一揆とまったく同じやり方です。

農民一揆から軍が誕生した

共産党軍が誕生したのは、１９２７年８月１日に江西省南昌で起きた武装蜂起でした（南昌蜂起）。朱徳と周恩来が中心となって指導したのです。なぜこの地で起きたかというと、たまたま南昌に駐屯している部隊は、共産党員が国民党軍のトップに就いているケースが多かったからです。

朱徳、賀竜、葉挺が率いる約3万人の部隊は南昌を占拠して、革命委員会を組織しました。この日は中国人民解放軍誕生の記念日に定められています。同じ年の9月には毛沢東が湖南省長沙で農民を率いて蜂起しました。農民蜂起は各地で発生しましたが、特に湖南、江西、湖北、広東で起きた蜂起が激しく、秋収蜂起と呼ばれています。

しかし、南昌の蜂起部隊は1週間ももたずに制圧されました。秋収蜂起も敵の攻撃や準備不足などがたたって失敗に終わります。中国の場合は共産革命といっても、農民一揆の上に共産党の全体主義とか統治手法を取り入れたものにすぎません。

毛沢東も湖南省で蜂起して敗れ、井崗山に逃げたのは9月末でした。そこを「革命根拠地」として活動を始めます。毛沢東は退却の途中、井崗山近くの三湾村で部隊の編成の見直しを行いました。「三湾改編」といいますが、これは重要な会議でした。何をやったかというと、100人くらいの各中隊の中に、血管のように党の組織を張り巡らせ、各師団クラスに党組織を束ねる役職を設けたのです。それが「政治委員」です。政治委員は軍の司令官、中隊長、連隊長らよりも格上で、軍の人事権、予算権を握ります。そうすると軍は共産党に歯向かうことができなくなります。党が軍に対して支配権を確立したのです。共産党はこの「三湾改編」によって完全に軍を牛耳ることに成功したのです。

当時、共産党が組織した軍は「中国工農紅軍」といいます。ソ連の「労農赤軍」の真似をしたのです。「工」は労働者の意味ですが、実際は労働者などはほとんどおらず、農民ばかりです。だから本当は「中国農民紅軍」というのが実態に近いといえます。

なぜそのような名前を付けたかといえば、紅軍は労働者と農民の軍であり、資本階級と戦って倒すのだというメッセージを込めたわけです。以後、紅軍は各地で勢力を拡大し、中華ソビエト共和国政権（1931〜1937年）樹立の中心的な役割を担います。これがのちの八路軍・新四軍、そして、現在の中国人民解放軍の原型になりました。

「蘇維埃」とはだれだ？

井崗山は江西省と湖南省の省の省境にあります。朱徳が江西省、毛沢東が湖南省で蜂起し、そのあと各地を逃げ回って、最後は井崗山に集まりました。辺境の地だけに、各地の地方長官も、ここはわれわれの管轄ではないと、誰も取り締まろうとしませんでした。それで毛沢東たち主力は生き延びることができたのです。その後、勢力が少し拡大して、江西の南部の一部地域も占拠しました。

当初、朱徳と毛沢東の2人が実質的最高指導者でしたが、実際にはソ連から派遣された顧問が指揮権を持ち、ソ連に留学していた若手が党を牛耳っていて、毛沢東のような地元のたたき上げの人間と激しい権力闘争を繰り広げていました。

毛沢東は権力闘争に敗れて、指導部から追われたときがありました。共産党は中央委員の上に政治局員と政治局常務委員があり、ピラミッド状の組織が形成されていますが、一時、ヒラの中央委員にまで格下げになったこともありました。

こうした中で、ソビエト運動が展開され、各地でソビエト地区が拡大していきました。1931年11月7日、江西省瑞金で第1次全国ソビエト代表大会が開かれ、中央執行員会委員が選出されました。主席には毛沢東が就任します。これが最初にできた「中華ソビエト政府」で、ソ連の1つの共和国になることを目指したものです。

ソビエトというのは「会議」という意味です。中国語で蘇維埃と書きますが、当時この文字があちこちに出現しました。「中国に蘇維埃政府ができた」「蘇維埃万歳」と共産党を支持する人々が書くわけです。最初は取り締まる国民党軍も何のことかわからず、蘇維埃という中国人のリーダーがいると思いこみ指名手配までしたくらいです。

国民党は取り締まりを強化しました。蔣介石は軍を派遣して掃討に乗り出します。毛沢東率いる紅軍はこの掃討作戦に何とか４回までは抵抗して乗り切りました。しかし５回目の掃討作戦で蔣介石は約１００万人の軍を動員しました。当時、紅軍は10万人程度といわれており、その10倍の軍がやってきたのです。さすがにこれには共産党も耐えきれず、逃亡を始めました。江西省瑞金の中央政府から、家族も含めて全員が西に向かいました。これが「長征」のはじまりです。

蔣介石が抱いた危機感

ここで少し時代を振り返ります。

武昌（武漢）で辛亥革命が起きて、清王朝が危機に陥り、あちこちで蜂起が起きました。南は全部の省が独立を宣言します。孫文が海外から帰国して辛亥革命の革命政府のリーダーになったのは1912年ですが、当時、北はまだ清王朝が牛耳っていました。北の軍のトップは袁世凱でした。清王朝は袁世凱に命じて革命政府を倒すよう要請しましたが、袁世凱は逆に孫文と話し合いを行い、孫文から大総統を委譲されます。清の宣統帝は退位して清は滅び、中国は統一された形になりましたが、国は北と南に分かれ、北は袁世凱が支配し、南は孫文の影響下にありました。

その後、袁世凱は日本の21カ条条約を受け入れたりして、評判を落とします。晩年、袁世凱は皇帝と称したものの、反乱が拡大して死亡します。すると、今度は袁世凱の部下が跳梁し始めました。表面上は中華民国を名乗っていますが、統一するリーダーがいない状態です。そこで孫文は北伐を決行します。広州で軍事学校を作り自ら国民党の軍を作って、少しずつ北上していきました。北は袁世凱が死んだあとはばらばらになっていて、日本軍が関与を強めていました。孫文はソ連の支援を得ようとしますが、その条件が共産党を容認することでした。結局、孫文はこれを受諾して、前述したように、孫文が作った国民党軍には共産党員が浸透して、実質的に共産党に乗っ取られてしまいます。

孫文が1925年に死去すると、蔣介石が国民党のトップになりました。共産党は国民党の中で、どんどん仲間を増やしており、国民党軍が共産党軍になっていく様子を見て、蔣介石は耐えられなくなりました。

そこで蔣介石は、1927年4月12日、これまでの「連ソ・容共」路線から「反ソ・反共」に転換し、共産党の取り締まりに乗り出します。共産党の非合法化を宣言し、あちこちでリーダーを捕まえて殺したりしました（4・12事件／上海クーデター）。共産党もこのままではやられると思い、地下に潜ります。4カ月後、南昌蜂起が起き、そこで国共合作が決裂します。共産党はあちこちに逃走し始め、最後は井崗山に集結しました。

当時、蔣介石の敵は共産党だけではありませんでした。張作霖など、各地に国民党と対立する軍閥があり、国民党はその制圧にも乗り出していました。蔣介石は北伐を行いますが、国民党が北伐を行っているすきを狙って、共産党は勢力を維持することができたのです。

やがて蔣介石は、共産党の深刻な脅威に気がつきます。「彼らはただの軍閥ではない。

共産主義思想をあちこちで宣伝する、より危険な組織だ」という危機感を抱きます。そこで優先的に掃討することを決め、共産党に大攻勢をかけることになったのです。

前述のように、長征が始まる1934年までに5回の掃討作戦をやり、4回目までは共産党がなんとか乗り切りました。しかし、5回目の大攻勢でさすがの共産党も耐えられないと悟り、西に逃亡します。

西には四川省と貴州省があります。ここは蒋介石の直接の影響下にはありません。表面上は蒋介石のいうことを聞きますが、地元の軍閥なので命令を受けても、本気で取り締まろうとはしません。そのため、蒋介石が実質的に支配していない四川省に行けば逃げられるかもしれないと判断して、西へ向かったわけです。

ただ逃げ回っただけの長征

蒋介石は長征の部隊を追って、掃討作戦を続行します。軍を派遣したり、地元の軍閥に命令を出したりして逃亡する共産党軍を追い詰めます。共産党軍は南に行ったり北に行ったり、前進や撤退を繰り返します。途中に赤水という川があるのですが、共産党軍はこの赤水川を南から北へ、北から南へと、4回も繰り返して渡るはめになりました。毛沢東が軍に指示したといわれています。建国後に作られた、毛沢東神話の中では、毛沢東はすばらしい軍事の神様であるとされました。4回も川を渡ったり戻ったりして敵を惑わせて勝利したと称えています。しかし実際には、ただ必死で逃げ回っていただけなのです。

逃亡中の毛沢東らは、ほとんど情報が入ってこないので、世の中の出来事をほとんど知りませんでしたが、小さな町の郵便局で、数枚の古新聞を拾いました。1カ月くらい前の新聞でしたが、どうも陝西省に紅軍がいること、また、そこに革命根拠地があり、評判の高い劉志丹という軍事リーダーがいるらしいという情報をつかみました。そこで毛沢東たちは、陝西省に行こうと決断します。四川省に入って軍閥と戦う事態になれば、自分たちも消耗してしまいます。それに蒋介石の軍も後方に迫ってきています。そこで、陝西省に行くために今度は北に向かいました。その途中で共産党軍は分裂してしまいます。

共産党軍主力部隊の長征の進路

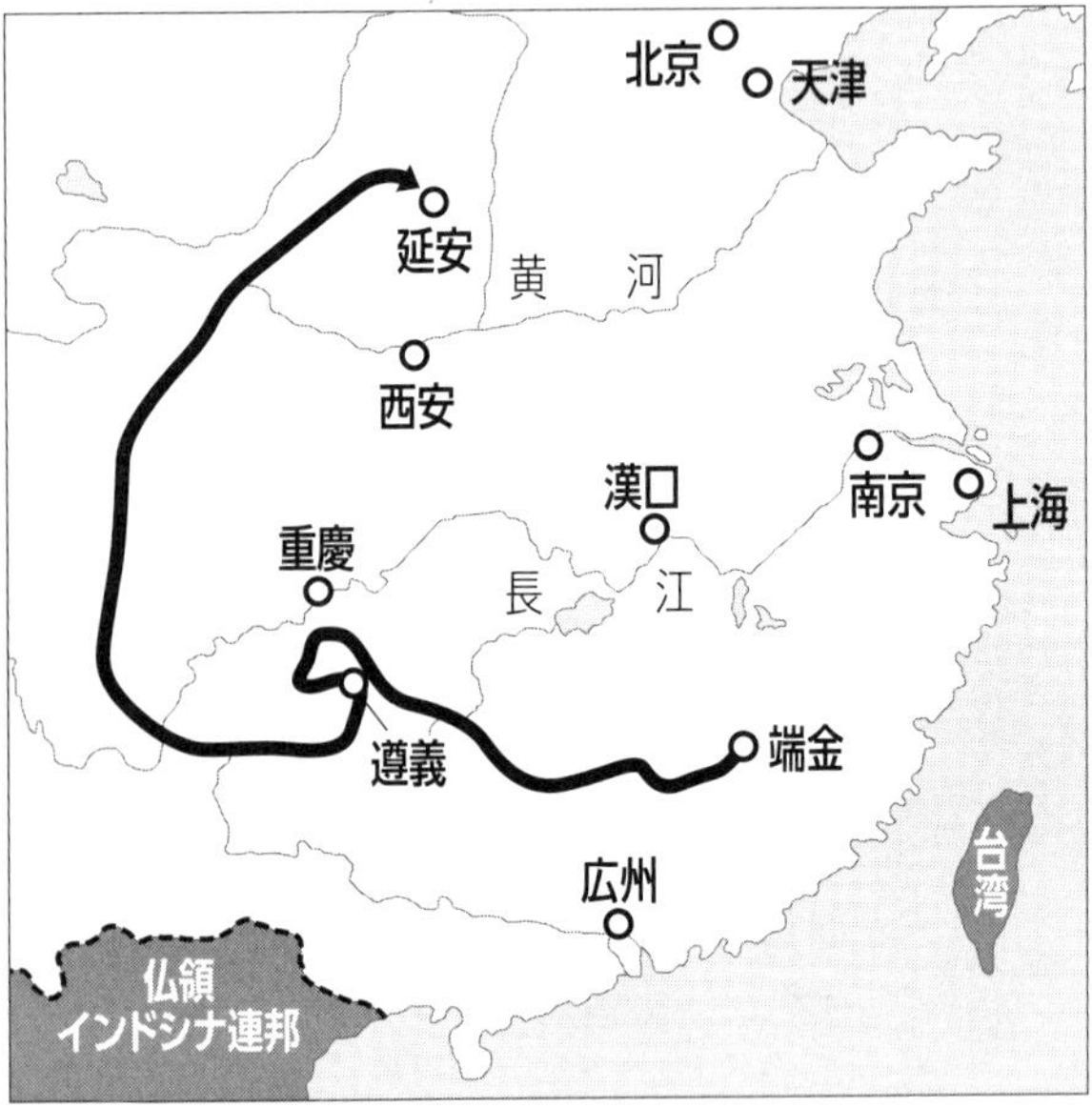

共産党にはもう1人、毛沢東のライバルである張国燾というリーダーがいて、湖北省などを根拠地にしていました。毛沢東たちは江西省瑞金から10万人で長征を開始し、逃げ回っているうちに勢力が1万人に減ってしまいました。一方、別のルートで長征に出発した張国燾の軍は8万人に拡大していました。その部隊と途中で合流するのですが、そこで主導権争いが起こり

ます。

張国燾にしてみれば、自分たちは８万人もいるのに、なぜ毛沢東の言うことを聞かなければいけないのかと不満を募らせます。これに対し、毛沢東はあくまで自分は中央の人間であると主張します。結局、毛沢東は北に向かうことを決定します。陝西省に行けば、近くにモンゴルがあるからです。ソ連と通じ合えば支援の物資がもらえる、食料と武器が手に入ると考えたのです。しかし、張国燾は北には行かないと拒否して、いったん南に戻ります。しかし南に戻って敵にやられてしまい、仕方なく北へ行くことに同意しました。その結果、張国燾は失脚してしまいます。そうやってようやくたどり着いたのが陝西省延安でした。

長征は約２年間かかっています。共産党はその距離を１万キロ以上と言っていますが、これは逃げ回って、何回も同じ場所を行ったり戻ったりしているからで、直線で行けばさほどの距離ではありません。共産党史の中ではすっかり美化されており、「北上抗日」とされています。共産党軍が長征を始める前の１９３１年９月、中国の東北部では満州事変が発生して、その後日本政府の影響下にある満州国の傀儡政権が誕生したのです。

政権を取ったあとの共産党は、共産党軍が北に移動した理由は、日本軍が満州に進出しており、日本軍と戦うためであると国民に教えています。長征の目的とは抗日のためであり、そのために北上したといっているわけです。しかし、そんなわけはありません。国民党に追われてぼろぼろになって逃げ回っていただけで、「北上抗日」など完全に嘘で固めた歴史です。抗日など後付けもいいところです。

西安事件で張学良をだました

一方、命からがら到着した陝西省も、多くの地域が蒋介石の支配下にありました。延安の近くに駐屯していた軍は張作霖の息子である張学良の東北軍です。満州事変が起きたとき、蒋介石は張学良に撤退せよと命令して、30万から40万ともいわれた東北軍がみんな中国内陸部に撤退しました。そして陝西省西安に駐屯していたのです。毛沢東たちが到着した延安は西安の管轄地域です。蒋介石は「共産党軍をただちに取り締まれ。掃討せよ」と命令を下します。

張学良が本気でやればできたのですが、張学良にしてみれば、自分の故郷が日本軍に奪われているわけですから、「こんな遠いところまで来て、なぜ同じ中国人と戦わなければいけないのか」という不満がありました。

一方、共産党軍はその東北軍の不満を利用して、さまざまな宣伝工作やスパイ活動をやって、「蒋介石を拘束すれば、ソ連から張学良軍に大量の資金と武器の援助が来ます」などと言って、張学良をだまします。そして1936年12月12日に西安事件が起きました。

張学良が本気で掃討作戦をやらないために、蒋介石は西安までハッパをかけに行きますが、突然、軟禁されてしまったのです。そこで蒋介石は誓約書を書かされました。「今の中国は内戦をしている場合ではない。全国民が一致団結して日本と戦うべきだ」と内戦の中止を約束させられました。

しかし、ソ連のスターリンは最初から蒋介石の拘束に反対していました。国民党軍の主力部隊を束ねる蒋介石がいなくなれば、中国国内がバラバラとなり、日本軍に対する抵抗が弱まります。そうなれば、日本によるソ連への脅威が高まるというのが理由でした。

蔣介石を拘束すれば、ソ連から資金と武器援助が来るというのが中国共産党の大嘘であることに気付いた張学良は、蔣介石と一緒に南京に戻り、反逆罪で逮捕されました。しかし一方、蔣介石は内戦中止という誓約書を新聞に発表したことで、共産党掃討作戦を中止せざるを得なくなり、こうして共産党は助かったわけです。

張学良はその後、内戦に敗れた国民党と一緒に台湾に渡り、計50年以上も軟禁生活を送りました。ようやく自由の身になったのは台湾民主化後の１９９１年になってからです。

中国共産党は何度も「故郷に帰省しませんか」と要請しますが、張学良は頑なに拒否を続けました。拒否した理由について、「自分が中国に戻ることを共産党が対台湾工作に利用するに違いない」と張学良が警戒したと分析する歴史学者がいます。「自分をだました共産党に再び利用されたくない」というのが張学良の心境だったかもしれません。

張学良は晩年、米国のハワイに移り、２００１年に１００歳で死去しました。当時の中国共産党の江沢民は、遺族への弔電で、張学良を「偉大な愛国者」「中華民族の永遠の功臣」と称えました。「中華民族の功臣」というよりも、「中国共産党にとっての功臣」という表現が正しいかもしれません。

日本のおかげで生き延びた

西安事件以降、国民党軍が内戦をやめ、中国国内の武装勢力が一致団結して日本と戦うこととなりました。国民党と共産党が合意して、全国の軍を再編しました。国民党が第一路軍、第二路軍などで、共産党は第八路軍になりました。第八路軍の担当は陝西省周辺です。

南方には長征で逃げ回っているうちに、はぐれてしまった部隊などもあります。あちこちで蜂起したゲリラ部隊も南に残っていたので、それらをもう1回まとめて、新四軍としました。だから八路軍と新四軍は共産党の軍です。八路軍は北に逃げたグループ、新四軍は南に残ったグループです。

共産党軍は党がコントロールしており、途中からは完全に毛沢東の私兵になりました。

リーダーに忠誠を誓う軍になったのです。共産党にとっては日中戦争で日本軍が中国に来たために、きわめてラッキーな形で生き延びることができたといえます。

共産党軍は国民党軍が日本軍と戦っている間、後方で鉄道を破壊するなどのゲリラ作戦を行います。やがて日本は戦争に敗れ、中国から撤退します。共産党軍はあちこちの農民の集まりですから、ゲリラ部隊をたくさん持っていて、すぐに日本軍の占領していた地域を地元の農民を利用して奪い取っていきました。国民党が日本軍と戦っている後ろで、共産党軍はどんどん力を蓄えていき、日本軍が撤退すると一気に大きな勢力にのし上がったわけです。日本軍が撤退したあとは、再び国共内戦が始まり、第2次国共合作はここで終わりになります。

日中戦争がなければ、共産党軍は国民党軍によって殲滅された可能性が高かったと言えます。このことを毛沢東本人も認めています。中国政府の公開資料で、毛沢東は複数回、日本への感謝を口にしていることを確認できます。毛沢東が日本への感謝を最も詳しく述べたのは、1964年7月9日、毛沢東が第2回アジア経済討論会に参加したアジア、アフリカ、オセアニアの各国の訪中代表団と会見したときの発言でした。

「日本資本家の南郷三郎氏（元日本貿易振興会会長・１８７８～１９７５年）は私と話したことがあって、彼は『申し訳ない、日本は中国を侵略した』と話した。私は『いいえ、もし日本帝国主義が大規模な侵略を起こし、中国の大半を占領しなかったら、中国国民は団結して帝国主義に反抗することはできなかったし、中国共産党も勝利を得ることができなかった』と答えた。

実際に、日本帝国主義はわれわれの良い教師だ。第一に、彼らは蒋介石（国民党の力）を弱めた。第二に、われわれは共産党が支配する根拠地と軍隊を発展させることができた。抗戦（日中戦争）前、われわれの軍隊は一時30万人規模に発展したが、われわれ自身の誤りで、２万人余りにまで減ってしまった。しかし、８年間の抗戦期間中、われわれの軍隊は１２０万人まで発展できた。ご覧ください、日本はわれわれに大きな助けをしてくれたのではないか？　この助けは、日本共産党がしたのではなく、日本軍国主義がしてくれたのだ。なぜなら、侵略したのは日本共産党ではなく、日本の資本壟断《しほんろうだん》と軍国主義がわれわれを侵略したのだ」

毛沢東のこの発言は、中華人民共和国外務省と中国共産党中央文献研究室がまとめた

「毛沢東外交文選」に収録されています。

党のトップしか軍は動かせない

共産党の最大の武器というのは土地革命です。ずっと戦争が続いているために、中国の農民は土地を持っていません。流民ばかり増えています。そこで共産党軍は国民党との内戦で、新しい町を占拠すると、地元地主を拘束して批判大会をやり、地主を処刑してその土地を農民たちに山分けします。農民は突然、土地をもらうことになります。

しかし、もし国民党が再び町を取り戻すと、せっかく手にした土地を取られてしまう可能性があるので、家族をあげて共産党を後方支援します。こうやって共産党は農民からの支持を集めました。

また共産党は天下を取ろうとしていたので、そういう意味では略奪行為を働く他の軍閥に比べれば、規律も正しかったといわれていました。加えて共産党は演出がうまいのです。たとえば国民党が上海に入ったときは、みんな民家に泊まるわけですが、共産党軍の兵士は町の路上で寝ていました。朝起きて、それに気付いた市民は「共産党は清廉な軍だ」と感激するわけです。上海という世界が注目する町で、共産党はそうした演出を通してイメージを高めたのです。

こうやって人々から支持を得た共産党軍はやはり強力です。しかしながら、農民にとってはせっかく手に入れた土地も、中国建国後10年もしないうちに人民公社ができて、再び取り上げられることになるわけですから、まさに詐欺のような話だともいえます。

共産党軍は農民一揆から始まって国民党軍を乗っ取った軍です。農民と国民党軍を乗っ取った部隊が混合し、その上に共産主義的な手法を取り入れた軍隊です。したがって、完全に党が軍をコントロールしていて、毛沢東の「三湾改編」が行われて以降、組織ごとの脱走事件やクーデターなどは一度も起きていません。これは世界の軍の中でも奇跡といわれています。つまり、共産党のトップの命令がなければ軍は動かないということが徹底しているのです。

それを示す例としては、1971年に起きた林彪事件があります。林彪はクーデターに失敗して逃亡を企てたのです。自分の衛兵と、空港で飛行機に乗って逃げようとしたのですが、現場で軍の命令を受けていないと離陸を拒否されて、銃撃戦になります。どうにか飛行機に乗りましたが、林彪は当時、軍の副主席で国防相を兼務した人物です。つまり党のナンバー2であっても飛行機ひとつ動かせないということは、毛沢東の指示がないと軍を動かすことができないという証左です。

２００８年5月、四川大地震が起きたときには、首相の温家宝が被災地に急行しました。ちょうどそのとき軍事委員会主席を兼務している胡錦濤は訪日したあと帰国したばかりで、風邪をひいて臥せっていました。地震が起きたときにやっと寝付いたので、秘書は胡錦濤を起こしませんでした。一方、温家宝は現地にいて、救援活動のために軍を動かさなければならない緊急事態になっていました。しかし軍は温家宝の指示にしたがいません。温家宝が軍を動かそうとすると「命令がないからだめです」と断られ、最後は温家宝が受話器を叩きつけたというエピソードがあります。これは当時のニュースにもなりましたが、「人民に養われていることをわかっているのか」と温家宝は激しく怒りました。要するに、全権力が集中している中央軍事委員会のトップにのみ軍は服従するということを、如実に物語っているといえます。

第３章

中国共産党が演出してきた戦争

共産党の巧みな宣伝工作

共産党軍には紅軍時代に、3つの規律と8項目の注意（三大紀律・八項注意）という軍紀がありました。三大紀律とは、命令には絶対服従すること、ものを奪ってはいけない、戦利品はすべて公のものにする、というものです。八項注意は、借りたものは必ず返すこと、人をなぐってはいけない、女性に対して猥褻な行為をしてはいけない、などといった内容です。これを歌にして兵士に徹底的に叩きこみました。

当時の中国には軍閥があって、基本的には自分の領域内で活動していますが、戦争に行くと物資を略奪するなど、非常に軍紀が乱れていましたが、それに対して共産党軍は非常に規律正しいのだということをアピールするために、この規則を作ったのです。

共産党は非常に宣伝が上手です。『中国の赤い星』という書物を書いたエドガー・スノーというアメリカ人が延安を訪れたとき、延安は閉鎖されており、内側では激しい権力闘争や内ゲバが繰り広げられ、100人、1000人単位で粛清が行われていました。これは昔の日本赤軍や「イスラム国」（IS）とほとんど変わりませんが、外国の新聞記者が来ると、軍幹部は全員、兵士と同じ服を着て同じ食事をとり、同じ場所で寝泊まりし、軍紀も非常に厳しいというところを見せるわけです。

完全な演出ですが、スノーはまったく疑わず、毛沢東らの話を鵜呑みにして『中国の赤い星』にまとめたのです。この本は米国で出版されるとすぐに、大きな反響を呼びました。毛沢東ら共産党指導者の「理想に燃えた優しい英雄」というイメージが一人歩きし、西側諸国で中国共産党の人気が高まり、各国から延安に多くの寄付が集まるようになりました。その後、中国共産党と国民党が内戦に突入しますが、西側諸国の世論が、共産党に同情的だった理由は、『中国の赤い星』の影響があったといわれています。

『中国の赤い星』はのちに和訳されました。多くの日本の若者がこの本を読んで、左翼運動に投身したといわれています。著者のスノーは晩年、中国を訪問した際、毛沢東が国民に対し個人崇拝を強要していることを知り、ショックを受けます。中国共産党に幻滅し、妻に『中国の赤い星』を書いたことを後悔していると話したそうです。

スノーの死去後、遺骨の一部は北京大学の未名湖の湖畔に埋葬されました。墓碑には「中国人民のアメリカの友達――エドガー・スノーの墓」と彫られています。

妻を換えることが党幹部の特権

スノーが延安での取材で、まったく気付かなかったことがあります。当時、共産党内にはっきりした上下関係があり、指導者たちにはさまざまな特権があったことです。たとえば、当時、全国から共産主義に憧れる知識青年たちが延安にやってきていましたが、その中に若い女性がたくさんいました。

共産党幹部たちはこの女性たちを自分の秘書にして、しばらくすると、農村出身の妻と離婚して、若い秘書と結婚します。「換妻潮」（指導者が妻を換えるブーム）という言葉ができたほどです。毛沢東も延安で、一緒に長征を経験した妻、賀子珍を捨てて、上海からやってきた元女優、江青と結婚しました。この江青はのちに、文化大革命を推進し、ファーストレディとして大きな権勢を振るったことで有名になりました。

しかも、妻を何度も換える指導者もいます。毛沢東は計4回結婚しましたが、朱徳は6回、劉少奇は6回、葉剣英に至っては9回妻を換えています。しかも、延安では、女性の数が圧倒的に少なく、下級の兵士たちはほとんど独身です。当然不満を持ちますが、不満を口にすると厳しく罰せられることになります。

１９４０年の初めには、共産党の新聞で、幹部の特権化を批判した記事を執筆した作家、王実味が毛沢東の逆鱗に触れ拘束されました。王実味は、国民党のスパイなどの濡れ衣を着せられ、１９４７年に41歳で処刑されました。名誉回復したのは44年後でした。

共産党が外に向けて宣伝していることと、実際にやっていることはまったく違います。今の中国人民解放軍にも同じような特徴があります。たとえば軍の司令官は「司令員」といいます。なぜ「司令員」かというと、「官」ではなく、みな平等だと宣伝するためです。共産党の中で一番偉いのは「書記」です。書記とは会議でメモをとる役目で、一般に格下のやる仕事ですが、全員に奉仕するということを印象付けるために、わざわざそういう役職名を使っているのです。実は書記も司令員も、言葉だけは平等ですが、本当はたいへんな特権階級なのです。

外に対する宣伝と、内側の実態には大きな違いがあるのですが、これに海外メディアもだまされてしまいます。「中国共産党はすばらしい」と宣伝して、世論は共産党を支持しているという状況を作り出しているのです。その宣伝のうまさは今もまったく変わっていません。

再び登場した「雷鋒に学べ」運動

「まえがき」にも書きましたが、中華人民共和国の建国後に雷鋒という人がいました。この人は雨の日に駅で老人に傘をさして家に送ったり、子供のいない老人の家に行って掃除をしてあげたりして、道徳的模範となった人です。今になってその雷鋒の話はほとんど、嘘だったという話が出始めています。なぜかというと、1950年代の話なので、カメラなどまったく、一般には普及していないのに、雷鋒の写真がたくさん残っているからです。彼が人を助けたときに、「名前も名乗らなかった」と小学校の教科書にも新聞にも出ているのに、写真だけはしっかりと出ています。要するにこれは全部、共産党による宣伝、やらせなのです。

雷鋒はいつも「私は人民解放軍です」と言って立ち去っていくのですが、実際には軍のカメラマンが一緒に付いていって撮影していたのです。すべて作り上げられたストーリーですが、雷鋒を宣伝することによって、人民解放軍のイメージは非常によくなりました。

雷鋒はその後、事故で亡くなりましたが、死後見つかったとされる日記には、「毎日、毛沢東の本を読んで、毛沢東思想を勉強している、勉強しないと落ち着かない」などと、毛沢東を絶賛する内容が書かれていた、ということで、「雷鋒に学べ」という運動が起こりました。

１９６０年代には雷鋒の大キャンペーンが行われ、共産党軍のイメージと毛沢東のイメージアップに利用しました。胡錦濤もそうでしたが、特に習近平は雷鋒を大々的に持ち出し、「雷鋒精神に学べ」というアピールを再び繰り返しています。

雷鋒をモチーフにしたプロパガンダポスター（1963年）

自動車兵だった雷鋒は22歳で殉職

ある先輩記者から、こん

な話を聞いたことがあります。彼が中国語を学んでいた大学時代、教科書に雷鋒という名前と、雷鋒学習運動が載っていたそうです。先生の説明によると、これは中国共産党が政権を取って以来、群衆を巻き込んだ最大規模の政治運動だったといいます。そのあとに次々と同じような運動が起きて、文化大革命にまで発展するわけですが、やがて鄧小平時代に改革開放が始まり、中国はようやく群衆運動と決別して、経済発展に専念するようになりました。だから雷鋒というのはすでに死語となっており、中国の若者は知らないのだと教えられたそうです。ところが、社会人になって北京に赴任してみたら、再び雷鋒運動が始まっていた。この国は再び毛沢東時代に戻ろうとしているという印象とともに、宣伝活動にかける執念のすさまじさを感じた、と先輩記者は話していました。

「雷鋒に学べ」運動のあとも、中国共産党は新しい軍の英雄を作っては、これに学ぶ運動を展開していきました。たとえば洪水から村人を救って溺れて死んだ謝臣や、鉄道事故を防いで死去した欧陽海、火災で人命を助けて焼死した趙爾春など、人を助けて死んだ人の話を学習する運動を次々とやったわけです。しかし1989年に天安門事件が起きて、戦車で国民を蹂躙してから、軍のイメージは失墜し、その後、学習運動をやっても、効果はほとんどなくなったといいます。

中国はなぜ朝鮮戦争に参戦したか

朝鮮戦争にも共産党の嘘が盛り込まれています。中国共産党にとって第２次大戦後最大の出来事は朝鮮戦争でした。中国の歴史教科書はいまだに、朝鮮戦争はアメリカが先に侵攻してきたと書いています。鴨緑江をわたって中国に攻め込むことが、アメリカの目的だったというわけです。中国当局は、中国が朝鮮戦争に参戦したのはあくまで中国国内を守るための自衛戦争のひとつだったとしていますが、これは全部でたらめです。アメリカには中国に攻め込む戦略意図はまったくありませんでした。そもそも朝鮮戦争は北朝鮮が38度線を越えて先に米韓軍を攻撃したものですが、中国はいまだに戦争を正当化するために、このように教科書で嘘を教えています。

なぜ中国は朝鮮戦争に派兵したかというと、毛沢東には戦争をする動機があったからです。スターリンは最後まで朝鮮戦争には参戦せず、中国も参戦しないと思っていましたが、毛沢東は次の3つのことを考えていました。

1つは社会主義の国の中で「ソ連の子分」という立場を変えたいということです。中国共産党の革命はソ連の手厚い支援を受けました。ソ連は中国にとって頭が上がらない存在です。しかし、毛沢東は非常にプライドの高い男ですから、ずっとスターリンの弟分であることは面白くありませんでした。だから少しでも社会主義陣営の中で存在感を示したい。できればスターリンが死んだあとは自分が社会主義陣営のトップになりたい、という個人的野望を持っていました。そのチャンスが朝鮮戦争でした。

2つ目は、朝鮮半島に対する影響力の拡大です。毛沢東は非常に領土拡張に興味がある男でした。毛沢東が書いた詩などをみれば、領土を拡張した漢の武帝や、モンゴル人チンギス・カンらに憧れていることがわかります。朝鮮戦争に参戦して、将来、朝鮮半島を中国の属国にしたい気持ちを持っていたとみられます。

さらに3つ目。朝鮮戦争は中華人民共和国建国直後に起きた戦争ですが、当時の中国には軍人があふれるほどいました。国民党との内戦に勝利したばかりで、国内には500万から600万人の人民解放軍兵士がいたとされます。このため軍人の数を減らさなければならなくなりました。特に国民党が師団ごと投降して共産党軍に加わったような兵士は、同じ共産党軍とはいえ、信用ができませんでした。そこで朝鮮戦争にそういう兵士を送り出し、消耗させようという「人減らし」の発想が出てきました。

悲惨な朝鮮戦争

朝鮮戦争に参戦するまで、毛沢東は勝利への自信に満ちあふれていました。なぜなら、共産党軍より人数も多く、装備も優れた国民党軍と3年間の内戦を戦い抜き、完全勝利を収めたからです。

しかし、いざ朝鮮戦争が始まると、中国はアメリカにはまったく歯が立ちません。アメリカ軍が鴨緑江近くに達したのは間もなく冬を迎える1950年10月。しかし、南方地域から投入された共産党軍の兵士たちの中には、冬服のないまま列車に乗せられた人たちもたくさんいました。共産党軍は潜伏作戦といって、ずっと塹壕にこもり、明け方に攻撃を仕掛けるゲリラ戦を展開します。しかし、冬の装備をしていないので数100

人、数１０００人が凍死する例も数多くありました。

ある朝、アメリカ軍の兵士が外を見回ったところ、潜伏していた中国人兵士たちが全員凍死していたという話があります。彼らには物資がなく、武器も足りず、銃弾も数発しかありませんでした。時間がくると総攻撃を仕掛けなければならないので、ドラを鳴らして大軍勢が攻め込むような芝居をしていました。やがてアメリカ軍が反撃してくると、一目散に逃げるのですが、最初はアメリカも中国が参戦してくるとは思っていなかったため、圧倒的な中国の兵士の数に戸惑い、一瞬でしたが中国は優勢に立ちました。

しかし彼らに大した武器はなく、数と精神力で耐えているだけですから、やがてアメリカ軍に押されて陣地を奪われてしまいます。朝鮮戦争は結局、引き分けますが、中国にとって朝鮮戦争というのは、一種の「人減らし」であり、その目的のために参戦したのが本当のところです。

朝鮮戦争に参戦した中国軍は１３０万とも１５０万人ともいわれています。死者数は18万人と発表されましたが、実際はその倍以上ではないかといわれています。

その中で、とても重要な人物がいます。毛沢東の長男、毛岸英です。毛沢東には２男

2女計４人の子供がいますが、次男の毛岸青は重い精神的な病を患っていることもあり、毛は長男を自分の後継者にしようと考えていました。

毛岸英は14歳のときからモスクワに留学していたため、日中戦争と国共内戦には参加しておらず、帰国後、国有企業の幹部になりましたが、朝鮮戦争が始まると、司令部の参謀として従軍しました。軍歴のない息子に戦争を経験させ、後継者の箔付けをしようとしたわけですが、米軍の空爆を受けて戦死しました。

関係者の回顧録によれば、当時、毛岸英は司令部の「火気禁止」との規定に違反してストーブで卵入りチャーハンを作っていて、米軍はその煙に気付いたといいます。

毛岸英が死去した11月25日は「チャーハンの日」とされ、ネットには「卵入りチャーハンを食べて祝おう」と、呼びかける書き込みが増えます。

毛岸英がその日、チャーハンを作らなければ、生き残って毛沢東から権力を継承したに違いありません。そうなっていたら、中国人は今の北朝鮮と同じような貧しい独裁国家になっていたかもしれない、ということなのです。

自国の都合で戦争を仕掛ける

中華人民共和国建国以来、台湾や外国との武力衝突は全部で9回といわれています。朝鮮戦争（1950〜53年）、金門・馬祖砲撃事件（1958年）、インドとの国境紛争（1962年）、ソ連との珍宝島紛争（1969年）、さらにベトナムとは海や陸で何度か戦っています。戦争の数え方にはいろいろありますが、中国メディアは9回という数え方をしています。このほとんどが毛沢東の時代に起きたものです。対外拡張のための戦争のようにみえますが、これらの戦争で中国は領土をほとんど取り戻していません。その背景にはすべて中国の権力闘争が絡んでいました。

まず珍宝島紛争においては、中国国内で毛沢東が劉少奇、鄧小平一派を打倒して、そのあとに軍を1つにまとめたいという内部事情がありました。また、インドとの国境紛争では中国の軍は兵站が届かずに戻ってきましたが、インドのネルー首相の無力ぶりをさらけ出すことで、毛沢東の指導的役割を国際社会に印象付ける狙いがあったとされています。そしてベトナムとの領土紛争では1974年に西沙諸島をいくつか奪いましたが、その後のベトナムとの話し合いでかなり返還しています。

一番よくわからないといわれるのが、１９７９年2月の中国のベトナム侵攻でした。これは何のために戦争を仕掛けたのか不明です。それまで中国はベトナムを支援していたのですが、突然、ベトナムを攻めるという話になりました。よく指摘されるのは、カンボジアを助けることが目的だったというものです。ベトナムは１９７９年1月にカンボジアの首都プノンペンを制圧し、ヘン・サムリン政権を樹立しました。カンボジアは中国に助けを求め、中国はベトナムに対して撤退を命令しますがベトナムはいうことを聞きません。そこで「懲罰戦争」、つまり親分が子分に対して懲罰するという意味でベトナムを攻めた、というが1つの理由です。

もう1つの理由は改革開放路線です。１９７８年末の中国共産党第11期中央委員会第3回全体会議（三中全会）で、鄧小平派が勝利し鄧小平は国務院副首相党副主席、軍総参謀長に復帰、これから中国は改革開放に向かうという大きな方針が決まりました。方針が決まった以上、改革開放はキーワードとなり、中国はアメリカ陣営につくということになりました。ベトナム戦争でアメリカは泥沼に陥りましたが、ベトナムはソ連の子分です。だからベトナムを叩き、これからはアメリカに付いていくという意思表示を国際社会に行ったというものです。

それまで中国国内は文化大革命による大混乱が起きていました。当時の中国の軍は定員をはるかにオーバーし、多くの部隊で兵士より幹部が多いという状態でした。文革中、地方政府や官庁、学校などで紅衛兵が暴れて収拾がつかなくなると、軍は幹部を派遣しその部門を軍事管理下に置きます。その軍幹部はもといた軍隊に新しく幹部を抜擢します。また、別のところが混乱すると、また軍幹部を派遣する、ということを繰り返していたのです。しかし、文革が終わると、軍事管理がなくなり、すべての幹部は原隊復帰し、さらに、文革中に失脚した幹部たちも原隊復帰します。そうすると、幹部があふれかえり、ひとつの連隊に、連隊長が5人、政治委員が6人といったように、軍の指揮系統が滅茶苦茶になりました。さらに、兵たちは10年間もまともな訓練ができていません。

鄧小平はこのような状態の軍を立て直すためにベトナムに攻め入ったともいわれます。自分の子分や、傘下にある部下を抜擢するためには戦争での手柄が必要です。だから戦争をすれば、その目的がかなえられるという内部事情もあったのです。

改革開放のために賭けに出た鄧小平

３番目の理由は、鄧小平が賭けに出たという説です。これから中国は改革開放をするために、軍縮をしなければなりません。しかし中国はそれまで北朝鮮のような先軍政治をやっていました。「今日にもソ連が攻めてくる」という宣伝もずっと続けていました。

１９６９年、林彪が国防相を務めていたとき、共産党指導者を各地に疎開する「第一号命令」を出したことは有名です。ソ連が北京に１発でも原子爆弾を落としたら、共産党指導者が全滅する可能性があるので、とりあえず各地の田舎に行ってばらばらに住むように、という指示です。毛沢東が武漢、林彪が蘇州、周恩来だけが北京で留守番をしました。そんな時代だったのです。

１９７０年代になっても、ソ連の脅威は消えませんでした。そのような雰囲気の中で軍縮をやり改革開放を行うことに党内からは「先軍政治をやめるわけにはいかない」と非常に大きな反発が起きました。

これに対し鄧小平は「ソ連は絶対に攻めてこない」と強く主張します。しかし、それだけでは説得力がないので、ソ連の子分を叩いてしまおう、そして本当にソ連が攻めてくるかどうか見てみようといって、ベトナムを攻めたのです。中国はベトナムに24万人くらいの兵を送りましたが、同時に中ソ国境には100万人規模の軍を展開して、ソ連を警戒していました。ソ連も中国の国境に兵を置いています。その緊張状態が1カ月くらい続きましたが、やはりソ連は攻めてきませんでした。つまり、改革開放へ大きく舵を切るために、鄧小平としては中越戦争が必要だったわけです。

鄧小平が中越戦争後、すぐに着手したのが軍の改革でした。少し時間はかかりましたが、1985年には100万人の軍縮を断行しています。それまで中国軍兵士は400万人程度いたので軍縮を行うためには1回、必ず戦争をやらなければいけなかったのです。

中国側の内部事情で戦争を起こされたベトナムは気の毒だといえます。

毛沢東路線を否定した鄧小平の「韜光養晦」

鄧小平時代に入ると、中国は大きく政策の舵を切り「韜光養晦《とうこうようかい》」政策を採用します。「韜光養晦」の「韜」は鞘、「光」は刃物の意味です。「韜光」は刃物を鞘に納めて籠《こ》める状態を指します。「晦」は曇りの意味で、「養晦」は雲が太陽を遮る状態を長く維持させるという意味で、つまり低姿勢で目立つことをするな、挑発するなということです。

毛沢東時代にやろうとしたのは、あちこちに軍を送り出す革命の輸出でした。外国に共産党を作って資金を出し、幹部を呼んで兵士としてトレーニングする。日本共産党も中国に幹部を派遣し、日本国内で武装蜂起を準備するため、軍事訓練を受けていました。

いまだにネパールとかスリランカなどには毛派がいます。それは全部、革命の輸出の遺物です。当時は外国の兵士や幹部を呼んでトレーニングしたり、金を渡したりラジオ局を持たせたりして、さまざまな工作活動をしていたのですが、それを続けているうち、中国はどんどん国際社会から孤立していってしまいました。そこで鄧小平時代になると完全に革命の輸出をやめ、「韜光養晦」政策をとったのです。

中国に李慎之という著名な学者がいます。中国社会科学院の副院長にまでなった人で、アメリカ研究の専門家です。その回顧録を読むと、この人はアメリカに生まれて幼少期はアメリカで過ごしたのですが、帰国して共産党員になりました。アメリカの専門家でありながら、いわゆる反米派で、文化大革命のときに、アメリカはいかにひどいかという文章を書いて、徹底的に対米批判をやりました。鄧小平は1979年に訪米しますが、そのときにアメリカの専門家として同行しました。李慎之の飛行機の席は鄧小平の隣でした。

李慎之は鄧小平に「どうして急にアメリカと仲良くしなければならないのか」と質問しました。そのとき、鄧小平が言ったのが「見てみなさい。アメリカと仲のいい国はみんな豊かになっている。しかしソ連と仲のいい国はまったくボロボロだ」と答えたそうです。これこそ、鄧小平政治、鄧小平思想の神髄です。

だから「黒いネコでも白いネコでもネズミをとるのがいいネコだ」という鄧小平の言葉は、手段を選ばず金持ちになれという意味です。しかしアメリカと仲良くなるためには、革命の輸出をやめなければいけない。そこで中国は完全に世界のルール作りを放棄したのです。それまで毛沢東は世界のリーダーになるために、世界のルールを作ろうとしました。そのためにあちこちに戦争を仕掛けたり、革命の輸出をしたりしたわけです。

しかしこれが挫折してしまい、中国国内の経済はボロボロになってしまいました。だから欧米や日本などの西側社会の作ったルールで中国を守ろうということになりました。その中でいかに国を豊かにするかという方策が「韜光養晦」です。刃物を持ちながらも鞘の中にしまっておく。これが中国の外交の柱となり、鄧小平時代から江沢民、胡錦濤時代まで続いたのです。

国際社会への復帰

中国は１９７１年に国連に復帰し、その後、国連安保理の常任理事国を務めています。当然ながら、拒否権を持っていますが、しかし、拒否権を行使した回数はあまり多くありませんでした。

米国、ロシア、フランス、英国はよく拒否権を行使しますが、鄧小平が中国の最高実力者だった１９７８年から１９９０年半ばまで、中国は安保理でほとんど拒否権を行使しませんでした。

国際社会の中でも「韜光養晦」を守り、口出しをせず、挑発しなかったわけです。そしてそれがうまくいった。中国はルール作りには参加しませんでしたが、西側のルールに乗って高度成長を果たしました。江沢民、胡錦濤時代は何度か拒否権を行使しましたが、台湾問題など、多くが中国の主権に絡む議題の時でした。

大国でありながら、国際社会におけるルール作りを放棄した中国を、国際社会はあたたかく迎え入れました。世界貿易機関（WTO）などの国際組織への加盟も認められ、その後の高度経済成長につながりました。

しかし、習近平時代になると、中国が国連で頻繁に拒否権を使用するようになりました。中国と直接関係のないシリア問題でも、ロシアと連携して、英米仏の提案を何度も否決しました。鄧小平路線から決別し、中国の意見を積極的に発信していくという姿勢を明確化しますが、当然ながら、米国と意見が対立する場面が増えました。

現在、米中貿易戦争が深刻化していますが、米国が中国に対し強い姿勢で臨むようになった理由は、対中貿易赤字だけではなく、習政権が「韜光養晦」をやめたことも大きな原因の１つといえます。

再び世界の攪乱者に戻ろうとしている

鄧小平は軍拡にも否定的でした。よく知られているのが、劉華清という海軍司令官の話です。彼は鄧小平の参謀で側近中の側近です。内戦時代に八路軍の指導者を務めていた鄧小平は、家族を司令部の隣村に住まわせました。長男が生まれると、鄧小平は毎週、子供に会いに行きます。しかし、大雨が降ると川の橋が流されてしまうので、背が高い劉華清が小柄な鄧小平をおぶって川を渡っていたというエピソードがあります。２人はそんな親しい関係です。

劉華清は鄧小平とともに出世しますが、彼は海軍司令官として、何度も何度も鄧小平に空母建造の必要性を進言しました。第２次世界大戦では各国が空母を戦争に投入し、それから30年も40年もたっているのに、中国は空母を１隻も持っていない。それは海軍としてやはり恥ずかしいというわけです。しかし、そのたびに鄧小平は「時期尚早だ。

今造ってしまうと改革開放はできなくなる」と、はねつけました。

その後、習近平が登場して、空母建造に必死になっています。さらに巨大経済圏構想「一帯一路」を掲げて、革命の輸出とまではいわないものの、違う形での中国の価値観の輸出が始まりました。今の中国は再び毛沢東路線に回帰し、再び世界の攪乱者になろうとしています。

第4章　軍改革は何を意味するのか

利権で軍を掌握する

毛沢東、鄧小平は軍人で、軍を完全に掌握していました。軍人と現役の行政官僚との主導権争いは中国の歴史で常に繰り返されており、毛沢東は途中で国家主席の劉少奇と対立しました。毛沢東は自分の政策を否定されたりすると、「いざとなれば、昔の部下を呼んで革命の聖地である井崗山にもう1回登り、天下を取る戦いを始める」とよく言っていました。だからそういう意味で毛沢東は軍を掌握する自信があり、軍は必ずついてくると思っていたのです。

鄧小平は中国人民解放軍のトップのリーダーではありませんでしたが、中国共産党軍中の4集団軍、当時は野戦軍といっていましたが、その第2野戦軍政治委員を務めていました。つまり4つの部隊のうちの1つの主力部隊のリーダーでした。1970年代の文化大革命後復帰したあとは、第2野戦軍の出身者を多く抜擢して、軍を牛耳った時代もありました。

毛沢東も鄧小平も軍に対する影響力が強く、毛沢東は「銃口から政権が生まれる」という有名な言葉を残しています。もう１つよくいわれるのが、「革命を成功させるには２本の棒が必要だ、１本は銃で１本はペンだ、この２つがあれば国を簡単におさえることができる」という言葉です。

しかし、江沢民、胡錦濤は完全なサラリーマン官僚でした。２人ともエンジニア出身です。地方指導者から中央官僚になり、共産党の中枢に入ってから軍の業務にかかわるようになりました、だから、軍人の中に自分の側近がいないことが、２人にとってはかなりの痛手でした。

自分の部下を育てるために、自分の命令を聞く軍人を抜擢して側近にするには時間がかかります。江沢民は共産党主席を約13年間、胡錦濤も10年間しかやっていません。自分が抜擢した軍の幹部が偉くなって首脳になったときには、すでに自分が引退する時期になっているのです。次の指導者にとっても、前任者の側近が軍の中枢にいるので、軍に対する影響力を発揮できない状況です。そこでまた時間をかけて若手を抜擢し、重要な仕事をやらせて手柄を立てさせ、その人間が軍の首脳部に入ったときには、すでに自分が引退する時期が来てしまう――そのような繰り返しでしたので、江沢民も政権前半は全く軍を掌握できていなかったといわれています。ようやく軍幹部を江沢民の側近が固めたときには、指導者が胡錦濤に替わり、胡錦濤も10年かけて軍を掌握したときに習近平に代わりました。

このため軍を掌握できないなら、敵にまわさないことを優先しなければなりません。一番手っ取り早い方法は、彼らに利権を与えることでした。軍の企業を民営化して金儲けをさせるとか、軍幹部の金儲けをじゃましないことなどです。たとえば、軍の車両は検査を受ける必要がなく、高速道路料金も払わなくていい、といったことです。軍では密輸が横行しましたが、それも黙認しました。そうすると次第に軍紀が乱れ、軍は〝独立国〟になって、指導者は軍に対して何もできない状況になっていきます。

元軍人だった習近平

その意味で、2012年秋に発足した習近平指導部が江沢民や胡錦濤と違っているのは、習近平氏に軍人経験があったことです。

2017年6月、軍創設90周年閲兵式に臨む習近平（写真／Avalon／時事通信フォト）

習近平は少年時代に共産党の大幹部だった父親が失脚したため、農村部に行かされ約7年間農民をやっていました。20歳を過ぎてから父親の復権とともに、コネで、名門清華大学に入学しました。しかし、勉強にまったくついていけませんでした。少年時代から青年時代にかけて農作業しかやっていなかったのだから当然です。

しかし、習近平は雨の日など農作業ができない日は、村人を集めて三国志や水滸伝の話をしていました。村人がみんな字を知らないため、習近平は村で一番の知識人になり尊敬を集めていました。実際のところ、中学生レベルの学力しかなかったのですが、習近平は自分にたいへん自信を持ち、大学に行きたいと考えていました。

習近平がコネで入ったのは清華大学の化学部です。当時、理数系は就職しやすかったことが理由ですが、ついていけるわけがありません。そこで、同じ宿舎の友達にカンニングさせてもらいました。その友達は陳希といい、現在は共産党中央組織部長、いわば自民党幹事長のような立場にあります。陳希もそのときの恩で出世したというわけです。

習近平は勉強ができないため大学生活が面白くなくなりました。大学に入ったのが遅かったせいもあり、化学より政治に興味を持ち始め、大学3年のときに当時の国防相、耿飈《こうひょう》の秘書になります。

耿飈は父・習仲勲の友達で、耿飈の娘も習仲勲の秘書になっていました。1976年に四人組（江青、張春橋、姚文元、王洪文）が失脚したあと、老幹部たちが復帰を果たしましたが、耿飈はそのとき復帰した鄧小平が非常に大事にした幹部です。

耿飈は葉剣英という共産党長老の子分でもありました。当時、鄧小平と葉剣英は協力関係にあったので、耿飈は国防相兼中央軍事委員会秘書長を務め、習近平はそのかばん持ちとして、毎日軍服を着て行動を共にしていました。そのときに習近平は軍人となり、大学を卒業してそのまま中央軍事委員会に入りました。軍人とはいっても軍首脳の秘書にすぎませんが、それを数年間務めました。

「万船斉発作戦」の狙いは

習近平は中央軍事委員会で、日中関係にとって重要な出来事に遭遇します。鄧小平が１９７８年に訪日する前、沖縄近海に４００隻ほどの漁船が集まった事件がありました。日中平和友好条約を締結するにあたって事前に日本に圧力をかけるために、尖閣諸島に中国の漁船が集結したのです。乗っていたのは漁民ではなく、ほとんどが海上民兵と呼ばれる中国人民解放軍の下部組織のメンバーです。

「万船斉発作戦」といいますが、海上民兵を動員して尖閣諸島を包囲し、当時はニュースでも大きく報じられました。どのような対応をすればよいのかわからない日本側はかなり慌てましたが、そのあとで中国側は日中平和友好条約交渉の際に尖閣問題の棚上げを提起、中国がこの問題で大きく譲歩したかのような印象を与えます。

日本も領有権を強く主張しにくくなり、この問題は放置されることになりました。尖閣諸島はもともと日本領土で、中国に実効支配されたこともありません。中国側の領有権主張にはかなり無理がありましたが、「この問題を棚上げした」との印象を内外に与えたことは、中国側の作戦通りの結果になったのです。

「万船斉発作戦」を取り仕切ったのが耿飈でした。自衛隊の動き、沖縄駐在米軍の動きなどを予測し、武力衝突を避けるためかなり綿密に準備を重ねたといわれます。習近平はかばん持ちとして、これをそばで全部見ていました。習近平がのちに中国共産党のトップになって、尖閣諸島周辺にどんどん漁船を出してくるようになったのは、若いときのその経験があるからです。

因縁めいた香港の人民解放軍

文革中に失脚した鄧小平は長老の葉剣英の力を借りて復活しました。1976年に死去した毛沢東が指名した後継者は華国鋒です。華国鋒は実力者の鄧小平を警戒して、その復権をなかなか認めようとしませんでした。当時、自宅謹慎中だった鄧小平が「復帰して仕事をしたい」と手紙を送っても、絶対に首を縦に振りませんでした。しかし軍の長老の葉剣英は、「仕事のできる鄧小平を戻さなければだめだ」と主張し、長老たちが連名で鄧小平を復帰させたのです。

華国鋒の予感は見事にあたりました。鄧小平が復帰し、華国鋒は数年で失脚に追い込まれ、その後、鄧小平と葉剣英の蜜月時代が数年続くことになります。

ところが再び主導権争いが始まります。葉剣英は軍への影響力があったので、その主導権をとりたいということで、鄧小平派と葉剣英派がぶつかります。耿飈が失脚したきっかけというのは、香港の人民解放軍の駐留問題でした。

耿飈は当時、国防相を務めており、「イギリスからの返還後も人民解放軍を香港に駐留させる必要はない」と香港の記者に話したのです。葉剣英も、香港は自由な街として中国と世界の貿易をつなぐ橋渡し役を果たしてほしい、人民解放軍を駐留させる必要はない、という意見でした。葉剣英は広東省出身で、人民解放軍は広東に駐留しているので、何かあってもすぐ香港に駆けつけることができると考えていました。耿飈がそれを香港の記者にしゃべってしまったのです。実際、党中央ではそのような話になっていたらしいのですが、まだ最終的には決定していない話です。香港紙の報道を見た鄧小平は激怒しました。ある重要会議のあと記念撮影をするというときに、鄧小平は突然、香港の記者を呼び集めて、「耿飈はうそつきだ」と発言したのです。

最終的に人民解放軍は香港に駐留することが決まりましたが、耿飈はこの話を聞いて落胆し、自分にはもう将来はないと引退を決めました。習近平も、耿飈から「お前も軍にいても将来はないので地方に行け」と言われ、河北省の田舎の正定県に天下りました。そこで習近平も軍服を脱ぎました。

今の香港の状況を見ると、習近平は自分の親分だった耿飈が反対していた香港駐留の人民解放軍を使って市民を弾圧しようとしているわけですから、なにか因縁めいた感じもします。

側近ばかりを幹部に登用

習近平は若いときに耿飈の秘書として働き、軍服を着ていた経験があったため、江沢民や胡錦濤と比べて、軍への馴染みが早かったといえます。

さらに、習近平の強みは、党高級幹部の子弟グループ、太子党であることでした。太子党の仲間で軍人になった人は非常に多く、最近引退した軍の兵站部門のトップだった劉源は劉少奇の息子であり、中央軍事委員会副主席を務めた張又侠も太子党です。彼らは習近平を子供のときから知っていて、共産党の要人居住地、中南海で一緒に遊んでいた仲です。

習近平政権が発足した直後、かつての太子党仲間を多く抜擢しました。政権前半は側近を太子党で固めたのです。

さらに太子党と並んで習近平が抜擢したのが旧31集団軍の出身者でした。現在は軍改革で編成が変わり、31集団軍が第73集団軍に変更となりました。

旧31集団軍は福建省に駐屯し、実質的には台湾解放のための部隊と言われていました。

中国人民解放軍にはもともと18の集団軍（２０１９年現在の13個に縮小した）があり、そのうち甲種と乙種があります。甲種は５～６万人で、乙種は３～４万人と格下です。

旧31集団軍は乙種で、これまではあまり重要視されていませんでした。１９５０年から51年にかけて台湾への進攻作戦に失敗しているからです。台湾に向かおうとして金門島に上陸した数千人が全滅した「金門島の戦い」での失敗を咎められて甲種から乙種に格下げされ、それ以来鳴かず飛ばずの軍になっていたのです。

習近平は１９８５年から約17年間福建省で勤務しました。福建省に駐在する共産党幹部は軍との人事交流があり、習近平は福建軍区の政治委員を兼務することがあって、旧31集団軍と交流がありました。習近平はその後に浙江省に移り中央入りを果たすのですが、いざ軍を掌握するときに周りに信用できる幹部は少なく、自分がよく知る軍人は旧31集団軍の出身者しかいないと考えました。そこで彼らを次々に抜擢したのです。もともと乙種の軍でしたが、それ以後、どんどん力を伸ばし、旧31集団軍の出身者は北京軍区の司令官や海軍の政治委員にも登用されていきました。

苗華という人がいます。旧31集団軍の参謀長を務めた人物で、当然陸軍の所属でしたが、海軍の政治委員、すなわち海軍ナンバー１に抜擢されました。習近平と若いころに交流があったというだけで、そんな露骨な人事が行われたわけです。もちろん海軍は猛反発しました。「海も見たことのない人間がなぜ海軍に入ってきたのか」と苗華を馬鹿にしたそうです。苗華は長年沿海部の福建省に駐屯しており、もちろん海での経験はありますが、海軍兵士のように海で泳ぐ訓練を受けたことがないため、海軍から仲間としてみてもらえません。

苗華が海軍の政治委員になってからよくいわれたのが、「苗華がしゃべると会議が終わる」ということでした。つまり海軍の幹部会議で、苗華が発言するまで参加者は普通に意見を述べ合っていますが、苗華が発言すると、途端にみんなが無視して、一斉に黙り込むのだそうです。そのあとだれも発言しなくなり、会議が終了してしまう。文字通り、「無言の抵抗」です。それほど執拗に現場が習近平の人事に抵抗したということです。

習近平による軍の大粛清

習近平は２０１５年から２０１６年にかけて、大きな軍の改革を実施します。習近平は自分の側近を抜擢しますが、軍のポストの数はもともと決まっています。そこでその

中央が胡錦濤。右端は郭伯雄、左から２番目は徐才厚（写真／解放軍報）

ポストにいる人間を排除するために大粛清を開始したのです。「反汚職キャンペーン」や「反腐敗キャンペーン」と称して江沢民や胡錦濤の息のかかった幹部や、２人の時代に抜擢された幹部を次々に失脚させました。

中国のインターネット上にある有名な写真が出回っています。２００６年に軍の首脳らが軍機関紙「解放軍報」の編集部を視察したときの写真です。中央軍事委員会主席の胡錦濤が中央に立ち、周りに郭伯雄、徐才厚両軍事委員会副主席をはじめ、当時の軍首脳10数人が胡錦濤氏を囲んで談笑しています。実はこの写真に写っている人物のうち、胡錦濤以外の多くは失脚しています。汚職や横領といった経済犯罪で摘発されたのです。インターネットでは「胡錦濤同志と犯罪者たち」「悪い人たちに囲まれた胡錦濤主席」といった揶揄するキャプションが付けられていました。

軍首脳ならだれもがいろいろな利権を使って金儲けをしているので、探せばいくらでも悪事が出てきます。これまでの反腐敗運動で、１人、２人が見せしめとして捕まえられることはありますが、まさか習近平が本格的に軍に手を付けるとはだれも思っていませんでした。まったく無警戒のところをやられたわけです。

中央軍事委員会副主席を務めた徐才厚も粛清されました。当時の副主席は２人体制で、もう１人は彼と仲の悪かった郭伯雄です。そこで郭伯雄の一派が追い落としに協力しましたが、今度は郭伯雄がやられてしまいます。副主席時代、徐才厚は「東北の虎」、郭伯雄は「西北の狼」と呼ばれた実力者でした。普通なら、粛清してももう１人は残すものですが、２人ともやられるとはだれも思いませんでした。つまり習近平はいったん粛清を始めると止まらなくなるのです。

当時の軍の幹部は、郭派か徐派か、ほとんどがどちらかの派閥に属しているので、大混乱をきたしました。そこで陸、海、空、各軍区のトップが習近平に忠誠を誓う新聞広告を出しました。文章を書いて写真をのせて「習近平の指導部についていきます」と宣言しました。それにもかかわらず、1年後には新聞で忠誠を誓った者も粛清され、最後は習近平が抜擢した旧31集団軍出身者と太子党だけが助かったのです。

中国版「スノーデン事件」

こうした状況が続く中で、今度は腐敗事件という名目で胡錦濤の最側近で党中央委員だった令計画という人物が逮捕される事態が起きます。令計画は5人兄弟姉妹ですが、全員ちょっと変わった名前です。2人の兄は令方針と令政策、姉は令路線、弟は令完成といいます。まず方針を決めて政策を作り、路線を定めて計画を立てて完成させる、という面白い命名です。父親が共産党の幹部で「人民日報」が大好きだったために、新聞によく出てくる言葉を子供たちの名にしたそうです。

令計画は胡錦濤政権で大番頭役である中央弁公庁主任を長年務めていたため、胡錦濤の勢力の一掃を目指す習近平にいち早く目をつけられたのです。

令計画の弟の令完成はもともと新華社の記者ですが、身の危険を感じてアメリカに逃れました。令計画は党の秘密をすべて知る立場にいたのですが、失脚する直前に党の機密資料を盗み出して令完成に渡していました。中国の資料はすべてアメリカに流れたわけですが、その中には軍に関する資料もたくさん含まれていました。この事件は２０１５年夏に判明し、中国版「スノーデン事件」とも呼ばれ、党中央に大きな衝撃をもたらしました。

中国の軍の指揮系統や部隊と兵器の配置、機能がアメリカに流れたため、中国政府は令完成を連れ戻そうとしましたがアメリカは拒否しました。このままでは最大の仮想敵である米国に手の内をすべて知られてしまうという危機感から、習近平は中央軍事委員会主席に就任してすぐに大改革に踏み切ります。

習近平の軍改革の主な狙いは計２つ。習近平による軍権掌握と米国への情報漏洩対策です。

サプライズの30万人削減

習近平の軍改革の柱の1つは、230万人体制を200万人体制にする「30万人軍縮」です。2015年9月、抗日戦争70周年軍事パレードが北京で行われました。この軍事パレードが終わって、最後に天安門に戻った習近平がスピーチしたとき、突然、この「30万人軍縮」を発表したのです。世界中がこれを聞いて驚きました。

この突然の発表は、軍現場から猛反発を受けました。そもそもこの軍縮案は習近平とその側近だけで決めており、軍現場への事前の根回しは不十分だったため、多くの高級将校はテレビ中継で初めて知ったといわれます。「自分たちも削減対象なのか」と疑心暗鬼に陥り、部下から聞かれても何も答えられないなど、現場は大混乱しました。

習氏が軍事パレード演説の中で軍縮を発表した狙いは、世界中に高まる「中国脅威論」を払拭する目的のほか、自身を「平和を愛する指導者」であることをアピールする側面もありました。情報が事前に外国メディアに漏れないよう、極秘扱いになっていたため世界中がびっくりしたのです。

しかし、まったく心の準備がないままに、メディアでいきなり大規模なリストラ計画を聞かされた現場は大きく動揺し、急速に習近平への不満が高まりました。「30万人軍縮」に対して現場は動かず、抵抗します。抵抗を抑えるため退職金に有利な条件を付けたのですが、今度はそれ以前に辞めた者たちが不満を訴え、退役軍人のデモが起きるなど次々にトラブルが発生しました。結局リストラは陸軍を中心に行われたものの、主に非戦闘員や、軍所属の歌手やダンサー、軍病院の職員などが削減されました。ただし人民解放軍歌舞団の団長だった習近平の妻、彭麗媛は、もちろん残りました。

大混乱ばかり引き起こす

さらに、中央軍事委員会の定員を11人から７人に減らし、自分の側近を新たに入れて、トップの権限を強くしました。また中央軍事委員会の下部組織である４総部、すなわち総参謀部、総政治部、総後勤部、総装備部を廃止しました。

この４総部はトップが大きな力を持っているので、習近平は一気に全部廃止したのです。そのかわりに15の機関を作って細分化しました。簡単にいえば、社長が権力を掌握するために部長4人を廃止して、課長を15人にしたのと同じようなものです。そして社長は直接、課長に指示を出すという構図になりました。そうすると今度は隣の課がどんな仕事をやっているかわからずに、それぞれの課が同じような仕事をする事態になりました。軍の現場はこの4総部の廃止によって、かなり大きな混乱をきたしたのです。

もう1つの改革は、7大軍区の廃止と再編です。中国にはもともと7大軍区があり、瀋陽軍区、北京軍区、済南軍区、南京軍区、広州軍区、蘭州軍区、成都軍区に分けられていました。この7つの軍区を習近平は5つの「戦区」にしました。なぜ5つにしたかというと、瀋陽軍区と蘭州軍区を潰すためです。徐才厚は瀋陽軍区出身で、瀋陽から中央に上がってきました。そのとき幹部たちもどっと入ってきて、今も瀋陽軍区出身者がたくさんいます。また蘭州軍区は郭伯雄の出身です。蘭州軍区は重要軍区であるために、幹部がたくさんおり、粛清しきれませんでした。

この2つの軍区を廃止すれば安心できると、習近平は考えたのです。やはり軍のうらみは怖く、次に自分が粛清されると思うと、その前に習近平を暗殺するかもしれません。

中国人民解放軍7大軍区（1985〜2016年1月）

中国人民解放軍5戦区（2016年2月〜）

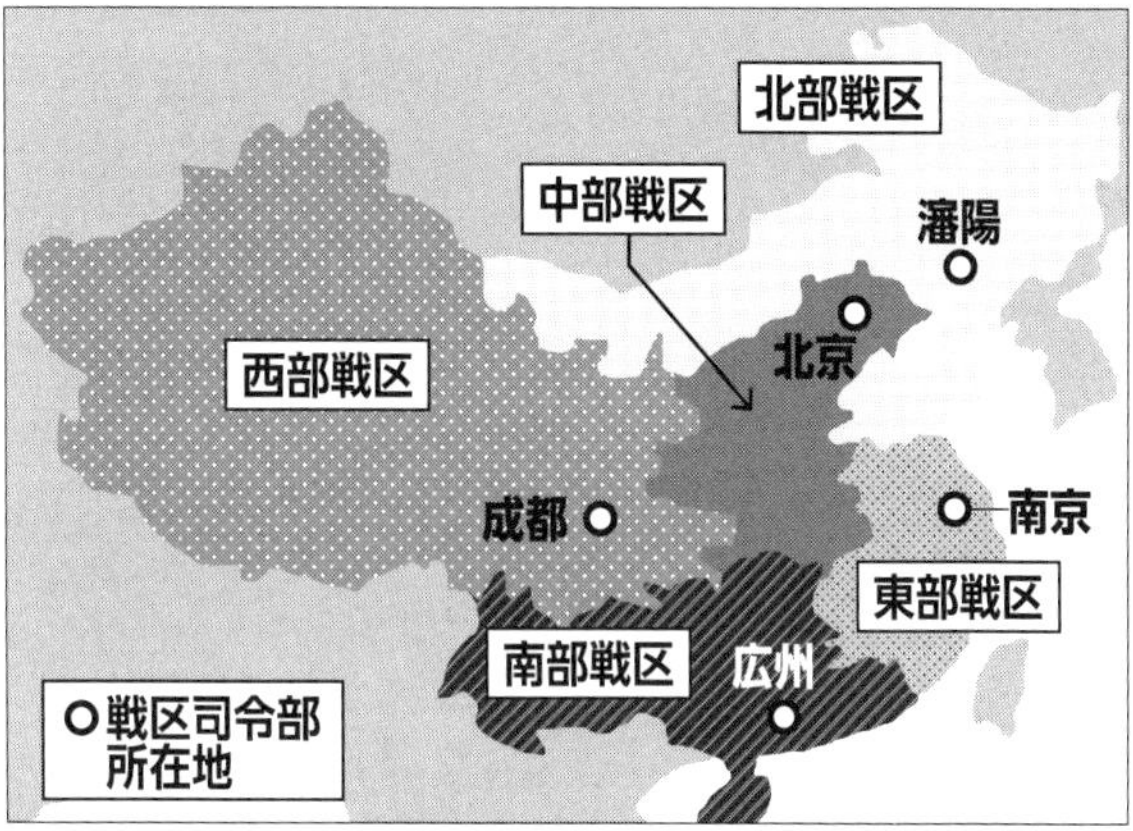

習近平暗殺未遂事件は6回も7回もあったといわれていますが、車に爆弾を仕掛けられたり、病院で健康診断を受ける際、注射針に毒を仕込まれたりしたと香港紙などが伝えています。いずれも事前の検査で露見し、習本人への被害はありませんでしたが、捕まった犯人の中に、瀋陽軍区の出身者がいたという情報があります。

もちろん、現場はこの2つの軍区をなくすことに大反対でした。ソ連がいつ攻めて来るかわからないため、毛沢東の時代からこの2つの軍区は非常に重要視されていました。だれに聞いても、この2つは必要だということになって、結局瀋陽と蘭州は残されることになりました。そのとばっちりを受けたのが、力の弱い済南軍区と成都軍区で、2つとも潰されてしまいました。

マージャン改革

軍区は名称を変えて、これまでのような都市名から東西南北中という戦区になりました。北部戦区は瀋陽、中部戦区は北京、東部戦区は南京、南部戦区は広州、西部戦区は成都に司令部が置かれることになったのです。

しかし、この変更について「各司令部の配置バランスが極めて悪い」と首をかしげる軍事専門家がいます。７大軍区は鄧小平時代に定着した区分けで、各方面に起こり得る戦争や軍事衝突を想定し、その性質、規模などを考量した上で対応する軍種を配置し、それぞれの軍区には違う使命がありました。しかし、これを５つにしたことで、チベットやインド方面を担当する司令部がなくなり、東沿海部の防衛も手薄になりました。「中国地図の形と仮想敵を一切無視して、強引に東、西、南、北、中の５つに分けた。語呂合わせとしてはいいかもしれないが、それ以外に７つを５つにする意味がわからない」といった不満の声が軍現場から聞こえてきました。マージャンパイには東西南北中があることから、今回の戦区再編を「マージャン改革」と揶揄する声もあります。つまり習近平を馬鹿にしているわけです。

一連の軍改革が終わったあと、懸念していた問題が起きました。２０１７年にインドとの対立が発生したのです。ブータンが実効支配するドクラム高原で中印が対峙する事態となりました。それまでは成都軍区が担当する仕事でしたが、成都軍区はなくなってしまい、インドとの対立をだれが仕切るのかという問題になりました。やはり軍区をなくすのは失敗だったということが明らかになったのです。

もともと軍改革は習近平の権力掌握を強めるためにやったものです。現場を無視して強引に改革を進め、かなり組織をいじったけれども、逆に指揮系統は複雑になり、緊急事態にも対応できなくなりました。また軍の近代化につながったかどうかも疑問視されています。

人工島、防衛識別圏と宇宙開発

習近平は、兵力を30万人削減する軍改革を行いましたが、今の戦争は人数ではありません。また軍改革の痛みの補償としてアメを与えることも必要になります。習近平が進めている南シナ海の人工島の建設や、東シナ海での防空識別圏の設定は、軍にアメを与える意味もありました。防空識別圏は、設定したエリアに入ってきた航空機に対して、すぐに戦闘機がスクランブルをかけて追い出すというものですが、それを設定した途端にアメリカ軍機が入って、中国は何も対処できませんでした。すなわち、レーダーシステムもできていなければ、戦闘機の数も足りていなかったのです。

しかし、人工島や防空識別圏を作ることは、これからレーダーシステムや戦闘機を整備するということを意味します。本来ならレーダーシステムなどを先に整備するのが普通ですが、何もない状態から作るために、今後、大きな利権が生まれます。軍が欲しいのは金でありポストです。新しく何かを作るとなると、当然、予算が組まれ、新しいポストが生まれます。それによって軍はおいしい思いができるわけです。だから習近平は軍縮を進める一方で、新しいポストを増やしているのです。

改革では、陸海空と同格のロケット軍も新設しました。中国はミサイル開発を1960年代に行い、当初、ミサイルは砲兵部隊に所属していましたが、ミサイルは砲兵とは違う、ということで「第2砲兵」となります。ところが「ミサイルはどこの国の軍もエリート部隊が担っており、軍の中核のはずだ。なのになぜわれわれは、いまだに第2砲兵なのか」という不満が出たため、「ロケット軍」に改称しました。しかし、これも先鋭部の名称には思えません。こうした点でも軍の発想は遅れているのです。

ミサイル部隊のほか、中国軍は近年、宇宙開発分野にも力を入れています。２００３年には初めての有人衛星「神舟５号」を打ち上げ、飛行士１人が21時間以上宇宙に滞在しました。欧米などと違って中国の宇宙開発は完全に軍が主導しています。最初に宇宙に行った飛行士、楊利偉氏は、飛び立ったときは中佐でしたが、成功して戻ってくるとすぐに大佐となり、数年後は少将まで出世しました。

その後、中国は次々と有人衛星を打ち上げ、２０１６年に打ち上げた「神舟11号」では飛行士２人が30日間も宇宙に滞在しました。

２０２２年以降には、宇宙ステーションの建設も計画しています。中国の宇宙開発は他の国と協力せず、自力で進められており、常に軍事利用を視野に入れています。周辺国が宇宙からの中国脅威を感じる日は近いかもしれません。

第5章

登場した新たな脅威

先軍政治は終わった

中国人民解放軍には建国以来２つの大きなターニングポイントがありました。１つは１９７１年９月13日の林彪事件です。林彪事件まで中国は、北朝鮮と同じように先軍政治を行っていました。先軍政治とは、基本的に軍人は政治家であり、政治家はほぼ全員が軍人出身であり、国家のすべてを軍が回しているというものです。

毛沢東の時代は、彼の下に十大元帥がいました。この十大元帥というのは自民党の派閥政治と同じで出身地、出身軍などのバランスをとって配置されており、彼らが中国の外交、内政、経済政策まで主導していました。

その中に陳毅という軍人がいました。彼は外相に任じられ、外交政策を主管していましたが、その発想はやはり軍人そのものでした。ベトナム戦争当時の１９６５年、ある記者会見で、外国人記者から、「戦争が拡大し、米国がベトナムを支持する中国の領土内に入る可能性があるかもしれない」と指摘されると、陳毅は帽子をとって、自分の白髪を見せ、「私はアメリカとの戦争をずっと待っていた。待っているうちに髪の毛が白くなってしまった」と答えました。これは記者たちを驚かせ、「中国の外相は好戦分子」とのイメージが定着しました。

ソ連との軍事衝突や台湾との金門島での戦い、朝鮮戦争、インドとの軍事衝突などは全部、１９７１年までに起きたものです。すなわち軍が一番暴れていた時代、先軍政治の時代に戦争は起きていました。

１９６０年代後半になって、一番のエリート部隊である第４野戦軍トップを務める林彪が力を持つようになってきました。総参謀長、海軍政治委員、空軍司令官といった軍の要職を林彪の部下たちが独占しました。林彪が台頭したのは毛沢東が後継者の劉少奇を牽制するために、林彪の力を重要視したからです。毛沢東は自分の後継者は劉少奇ではなく、林彪だということを内外にアピールします。

しかし、劉少奇が失脚すると、毛沢東の林彪に対する態度が冷たくなります。劉少奇の例があるため、林彪は次に自分がやられるという危機感を抱くようになり、毛沢東との関係が次第に悪化していきます。そして毛沢東暗殺未遂事件を起こすわけです。

１９７１年９月13日、クーデターは未遂に終わり、林彪はソ連に逃亡しようとして墜落死しましたが、これが毛沢東に強い衝撃を与え、一夜にして毛沢東は老け込んでしまいます。林彪事件当時、中国人民解放軍は「林家軍」といわれたぐらいですから、毛沢東は「軍も信用できない」と考えました。そこで失脚していた鄧小平を復活させます。鄧小平も軍人の出身ですが、軍の現場からは長く離れていました。毛沢東は鄧小平の力を頼るようになり、中国の先軍政治は少しずつ形を変えていきます。

ターニングポイントになった林彪事件

同時に毛沢東は軍の大粛清を断行しました。

筆者が北京に赴任していたとき、北京市郊外のある町の党書記をしていた人と仲良くなったのですが、その人も林彪事件で粛清された1人でした。60代の人でしたが片足が不自由でいつも足を引きずりながら歩いていました。あるとき「その足はどうしたんですか」と尋ねると、「殴られた」という話でした。彼の家は地元の有力者で、文化大革命のときにコネを使って空軍の司令部に入ります。まだ18歳だったそうですが、その司令部の下に作戦室があり、そこに林彪の息子の林立果がいたそうです。何度か見かけたことはあったそうですが、当然、しゃべったことはありません。彼が軍に入ってわずか1カ月後に林彪事件が起きました。その途端、林彪の息子に関係していた人間全員が拘束され、彼も1年半にわたって拘束されました。毎日、拷問を受けて林彪の息子とどういう会話をしたのか、どのような指示を受けたのかを、全部吐けと言われたそうです。

しかし、一度もしゃべったことがないのだから、秘密などあるわけがありません。ようやく釈放されましたが、その後は結婚も就職もできず、不幸な人生を送ったのだと聞かされました。1990年代になってようやく林彪事件の影は薄れ、その人も町役場の職員に採用されたという話でした。

そういう人は中国国内に何万人もいます。そこまで軍は徹底的に粛清を行ったわけですから、みんな、疑心暗鬼になってしまい、軍自体がおかしくなりました。

毛沢東は朝鮮戦争で息子を亡くしていますが、林彪には息子がいます。林彪を後継者にすると、その息子の林立果がその次の最高指導者になる可能性があります。そうした話がささやかれ始めて、これが毛沢東の逆鱗に触れたわけです。自分がせっかく築いた国なのに、林家がただでそれを譲り受けるのではないかという疑念を持ったのです。

林彪事件はしばらく秘密にされ、発表されるまでにはかなりの時間がかかりました。なぜ時間がかかったのかというと、1つには林彪の周辺を徹底的に粛清する必要があったから、もう1つは、毛沢東のイメージを回復させるためでした。

中国ではそれまで毛沢東と林彪の親密な関係をアピールするポスターがたくさん作られていました。毛沢東が選んだ後継者としてさかんに宣伝していたのですが、「林彪はクーデターを起こして毛沢東を殺そうとした。そして敵である修正主義のソ連に逃亡しようとした。毛沢東は人を見る目がない」ということになってしまいました。結局、毛沢東は軍との信頼関係を失ったと同時に、国民からも〝全知全能〟の毛沢東に対する疑念が生まれ、林彪を否定するために毛沢東は大きなエネルギーを費やさざるを得なかったのです。

林彪が死んだあと毛沢東は、すでに失脚し、その後がんで死亡した陳毅の葬儀に突如出席します。毛沢東は「きょうは陳毅同志の葬儀がある。私は行かなければならない」と大急ぎで、いつも着ているパジャマの上にコートを羽織って、突然、葬儀場に現れました。もちろんパジャマは「演出」です。陳毅は林彪とはライバル関係で、第3野戦軍のボスだった人です。その葬儀には、林彪が軍を牛耳っていたときに、冷や飯を食わされた陳の元の部下たちしか集まっていませんでしたが、毛沢東がパジャマにコートで駆けつけた様子に、みんなが感激します。これは毛沢東一流のパフォーマンスですが、以後、毛沢東は次々に失脚した人たちの名誉回復を進める一方、党中央から林彪と関係の深い人たちを排除し、バランスをとります。

このように、毛沢東は失っていた軍からの信頼を取り戻すために、鄧小平を復活させて経済再建に力を入れ、官僚を登用するようになりました。つまり9・13の林彪事件は先軍政治からのターニングポイントになったのです。

軍の役回りは裏舞台に

2つ目のターニングポイントは1989年6月4日、天安門事件です。これまで中国人民解放軍は人民のための軍隊であることをアピールしてきて、「(人民に尽くした)雷鋒に学べ」運動などの宣伝効果もあり、国民の間で軍のイメージは非常によかったのです。しかし、天安門事件で鄧小平は軍を使って弾圧することを決定し、戦車が北京市内に入りました。これに対して市民はバリケードを作り侵入を阻止しますが、ついに発砲事件が起こります。市民たちはだれも実弾が発射されるとは思っていませんでした。人民の軍が人民を実弾で撃つわけがないと信じていたのです。しかしゴム弾だと思っていたのが実弾だったことがわかり、市民は大きな衝撃を受けます。

これは有名な話ですが、河北省に駐留する第38集団軍の司令官だった徐勤先は、天安門への出動命令を拒否しました。党中央からの命令に中央軍事委員会主席の鄧小平や副主席の楊尚昆のサインはありましたが、中央軍事委員会第一副主席の趙紫陽のサインはなかったので「命令に従うわけにはいかない」と言って、その場で拘束されました。徐勤先は軍事裁判で禁固5年の判決を受け、収監されますが、いまだに知識人の間ではヒーロー的存在です。集団軍トップクラスの高級幹部が命令に従わなかったのは建軍以来、初めてでした。

この天安門事件によって、中国人民解放軍と中国共産党のイメージは完全に失墜しました。鄧小平の南巡講話で中国は改革開放の時代に入りますが、軍は金儲けの利益集団と化してしまい、現場の軍人たちは誇りを失ってしまいます。天安門事件に参加した軍人は全員が暴動鎮圧の勲章を授けられましたが、軍人にとって勲章は大変な名誉であるはずなのに、北京の骨董市場では捨てられた勲章が山ほど売られていました。彼らはそんな勲章を持ちたくないとそっぽを向いたのです。世界の軍隊でも、こんな話は聞いたことがありません。

鄧小平は後継者に江沢民を選び、１９８９年11月に中央軍事委員会主席に就かせるのですが、実は江沢民には軍の経験がまったくありませんでした。これも、以前にはなかったことです。毛沢東も鄧小平も軍人でしたから、軍の関連式典などに出席する際には、たいてい軍服を着ました。しかし江沢民も胡錦濤も軍人経験がないので、軍服かどうかわからないような緑の服を着て、あいまいにしています。

江沢民時代がスタートしたとき、鄧小平は江沢民を支えるために、最高指導部に自分の側近である２人の軍人を入れました。しかし発足して数年後には軍人の姿が消えてしまいました。１９９２年の党大会で最高指導部から完全に軍人がいなくなり、以後、20

年以上にわたり中国の最高指導部に軍人の姿は存在しません。軍人が政治に対し直接口出しする場面が少なくなりました。

2つのターニングポイントによって、軍の役回りは表から裏舞台へ移行したというわけです。

肩書など必要ない

しかしながら、中国では軍を掌握しなければ政治を動かせません。逆に、軍を掌握していれば、肩書などなくても構わないということです。毛沢東は1959年に国家主席の座を降ります。実は毛沢東は革靴を履くのが嫌いなのです。スーツも嫌うし、いつもスリッパを履いていました。しかし国家主席になれば、来訪する外国の指導者とも会談しますから、スリッパ姿というわけにはいきません。そこで面倒くさいので劉少奇に任せました。国家元首を譲ってしまうのです。毛沢東は当時、軍を掌握していたため、それができたのです。そのあとに出てきた鄧小平も一度も肩書上、中国の最高指導者になったことはありません。

鄧小平について記事を書くときは、「かつての最高実力者」と書きます。彼の政府での最高ポストは国務院副首相です。しかも当時は数人いた副首相の１人なので、さほど偉くもありません。国家主席や党総書記といった、国や共産党のトップには就いたことがないのです。鄧小平は天安門事件までは中央軍事委員会主席を務めていましたが、天安門事件が終わると江沢民を上海から呼びよせてトップに就かせ、中央軍事委員会主席も譲り、すべてのポストから引退しました。１００近くのポストを譲りましたが、自分の好きなトランプゲームのブリッジの名誉主席（中国ブリッジ協会名誉主席）だけは残します。それが鄧小平の晩年のたった１つの肩書でした。

鄧小平が引退したあとの１９９２年、江沢民は保守路線をとり始めます。鄧小平はこれを正す必要があると、南巡講話を開始し、江沢民執行部批判を展開します。引退した鄧小平はヒラの共産党員にすぎませんが、彼が「改革をしない人間はやめてもらう」と発言すれば、軍はこれに大きく反応して、学習会まで開かれます。楊尚昆の弟に楊白冰という軍人がいますが、彼は「中国人民解放軍は改革開放の忠誠なる護衛をする」と言って、改革開放に対抗する江沢民の保守路線を批判しました。そうすると江沢民は恐れをなして、政策を再び改革開放路線に戻しました。

鄧小平は単なる中国ブリッジ協会名誉主席でしたが、南巡講話でしゃべったことが大ニュースに持ち上げられ、江沢民政権の政策を強引に変更させたのです。それはひとえに軍に対して絶大な影響力があったからです。

中国では肩書はあまり意味をなしません。ヒラ党員でも軍を掌握すれば勝ちです。毛沢東のあと、中国の最高指導者になった華国鋒は党の主席、中央軍事委員会主席、国務院首相、それに公安相という警察のトップを兼務しましたが、権力闘争で簡単に鄧小平にやられてしまいました。今、肩書を必死で集めている習近平は当時の華国鋒に似ているといわれ、党内で「肩書コレクター」とあだ名を付けられ揶揄されています。習近平は軍を掌握しようと必死になっていますが、完全に掌握はできていません。胡錦濤や江沢民に比べれば軍への影響力は強いとはいえ、毛沢東や鄧小平に比べればその影響力は微々たるものです。

軍の掌握こそ権力の源泉

中国の権力闘争を眺めてみると、毛沢東は1人の後継者を育てては、自ら、それを潰すということを繰り返しました。建国直後は高崗を育て、今度は高崗を牽制するために劉少奇を育てました。そして劉少奇を潰すために林彪を育て、そして今度は林彪を潰すために鄧小平を持ってきました。そして1976年に鄧小平が失脚したあと、華国鋒を登用しますが、そのときにすでに毛沢東は力を失っていました。だから鄧小平を完全に潰し切れなかったのです。華国鋒は肩書を集めて、なんとか対抗しようとしますが、鄧小平の力が残っていたために逆にやられてしまったのです。

鄧小平は文化大革命を肯定しませんでした。そして文化大革命を否定しないと新しい国づくりはできないと考えていました。それが毛沢東の逆鱗に触れました。文化大革命を否定されることは自分自身を否定されることだからです。毛沢東は晩年、鄧小平に対して、文化大革命をどう評価するのかと、しつこく聞きました。しかし鄧小平はのらりくらりとかわします。毛沢東は文化大革命を総括する会議を開き、そのとりまとめ役を鄧小平にさせようとしますが、「私はそのときは桃源郷にいて何が起きていたかわからない」とはぐらかし、とりまとめ役を拒否します。そこで毛沢東は「鄧小平は文化大革命を否定しようとしている。鄧小平を潰さなければいけない」と考えました。

ちょうどそのころに周恩来が死去し、天安門広場で周恩来を追悼する集会が始まりました。そこに集まってきた人たちが警察と衝突しますが、毛沢東は鄧小平をその黒幕に仕立て上げ、3度目の失脚に追い込みます。しかし、その直後に毛沢東は寝たきりになってしまい、毛沢東は華国鋒に対して弱った筆で「あなたがやれば私は安心だ」と書いて、あとを託しました。しかし毛沢東の死後、鄧小平が再び復活し、華国鋒は約3年しかもたずに、政治の主導権を鄧小平一派に奪われました。軍の長老たちがほぼ全員、鄧小平を支持したことが最大の原因といわれています。

1989年の天安門事件後、鄧小平は引退しますが、軍を掌握しきっていたために、最後まで影響力を維持できたのです。

その後、江沢民、胡錦濤はいずれも軍掌握に力を入れましたが、軍が独立王国と化してしまい、いずれもうまくいきませんでした。習近平時代が始まると、反腐敗キャンペーンと軍改革で、江沢民、胡錦濤と比べて、軍に対する影響力は強まりましたが、軍現場の反発も強く、「軍を掌握した」とは言えません。そして、習近平時代とともに、中国軍の役割も大きく変化しました。

軍が政府の上に立つ

では中国人民解放軍は今、どんな役割を担っているのでしょうか。軍トップとして存在感を残す３人は、それぞれ実現したい目標が違ったために、軍の役割も異なっていました。

まず、毛沢東は世界の共産革命のリーダーになろうとしました。中国人民解放軍は毛沢東の私兵なので、毛沢東の理想を実現するためにサポートしました。そのため、世界は革命の輸出によって滅茶苦茶にされました。

鄧小平が実現したかったのは中国の近代化です。中国を豊かな国にするためには科学技術や工業、農業、さらに安全保障も近代化する必要があり、そのために中国人民解放軍がその役割を果たすというものです。江沢民も胡錦濤もその流れにありました。このため中国人民解放軍の活動は国際社会の大きな問題にはなりませんでした。

一方、習近平の理想は異なっています。中華民族の偉大な復興です。これは毛沢東より、もっとたちが悪いといえます。毛沢東は共産革命を目指したわけですが、政治としての理想はありました。しかし、習近平は民族主義です。中国人民解放軍は偉大なる復興をサポートするために、「一帯一路」政策や外洋の拡張を進めています。

今の中国の問題点は、政府が軍に対してまったく影響力を持っていないことです。


たとえば尖閣諸島周辺に中国の軍艦や飛行機が来たり、台湾海峡を空母が一周したりしていますが、それを外務省にあたる外交部に質問しても、外交部の国内での位置付けは軍より格下で、何の情報も力を持っていません。共産党中央総会に参加できる中央委員は、計200人あまりいますが、軍人もしくは軍関係者が30人から40人いるのに対して、外交部出身者は2、3人しかいません。

普通の国であれば、軍は軍でしかありませんが、中国の場合は軍が行政に指示を出すこともあります。アフリカ支援のためジンバブエやスーダンなどに国有企業が石油採掘に出ていくときは、相手国に人工衛星の打ち上げを持ちかけます。アフリカの国々は人工衛星を欲しがっていますから、中国と契約を結んで人工衛星を打ち上げれば、将来は中国のために情報を収集することになります。一般の民間企業であれば、技術的にも、資金的にもできるものではありませんが、中国の場合は軍主導で簡単にできるのです。

また、開発支援などにかかわるアジアインフラ投資銀行（ＡＩＩＢ）にも軍が関与しています。融資先の国がお金を返せなかったら港をおさえて、軍の港にするのです。スリランカのハンバントタやジブチなどの例がありますが、まず民間企業の形で入って、少しずつ軍が内部で拡大し、いずれ中国の軍港にしてしまうというわけです。

孫子の兵法「三戦」とは何か

習近平指導部は２０１３年に中央国家安全委員会（中国版ＮＳＣ）という組織を作りました。軍と外交部、商務部、情報機関などを全部入れて、習近平がそのトップに就任しました。

この組織について中国の官製メディアの報道は少なく、その役割はいまだに明らかにされていませんが、中国軍が対外拡張を図るとき、軍だけではなく、国をあげて総合的に推進するということで、横の連携を強化する役割を持つとも、「三戦」を強調するためであるとも解釈されています。

三戦とは、世論戦、心理戦、法律戦ですが、1963年に公布された「中国人民解放軍政治工作条例」という、軍内の法律のような文書の中で明記されています。これまでに何回か改定されていますが、今もこれは実践されており、中国の戦略的行動の柱になっています。軍だけの力では三戦ができないので、外交部や立法機関、情報機関、メディアなどが力を合わせて行います。

三戦について、陸上自衛隊の元陸将・樋口譲次はかつて論文でこう述べています。

「中国は古来、権謀術数の国であり、きわめて策略的である。毛沢東がそうだったように、中国は孫子の忠実な実践者であり、『戦わずして勝つ』という現代的実践手段が世論戦、心理戦、法律戦なのである」。

世論戦とは何かというと、樋口氏は「中国の軍事行動に対して世論に影響を及ぼすことを目的としたもの」と指摘しています。たとえば今、中国は台湾に対して盛んにフェイクニュースを流しています。これは蔡英文総統も指摘していますが、民進党が政権を握れば中国が攻めてくるというような話を意図的に広め、中国の軍事演習の映像を放映して、民進党政権の阻止を台湾世論に訴えています。

また心理戦は、「敵の軍人や人民に対して、衝撃や士気の低下などを目的とする心理戦を通じて、敵の戦闘能力を低下させるもの」といわれています。２０１３年に中国は尖閣諸島を含む東シナ海に防空識別圏を設定しました。当時、中国はレーダーシステムも戦闘機の数も準備がまったく整っていない段階でしたが、「勝手に防空識別圏に入れば、中国は強硬手段をとるかもしれない、だから航空機は飛行を申告しなさい」といった脅しをかけてきました。ただちにアメリカ軍の爆撃機が防衛識別圏に入って、それを打ち消しましたが、外国の民間機は中国の攻撃を恐れて申告しました。民間企業が中国の脅しに従うというのは中国のルールを認めたことになります。それを狙っているのが心理戦です。

法律戦は、「国際法や国内法を利用して、中国の軍事行動に対する反発に対処する」というものです。１９９２年に中国領海法ができました。尖閣諸島の周辺で石油が発見され、中国が尖閣を自らの領土と主張するようになってから、中国の軍事行動に合わせて領海法ができ、その法律に基づいて外国を恫喝しています。また、２００５年にできた反分裂国家法もその1つです。台湾が独立を宣言した場合、非平和的措置をとるとして、武力行使の可能性を示しています。中国はこの独特の戦い方を世界で展開しています。日本に対して「三戦」が展開されたのは、尖閣問題で対立してからですが、台湾やベトナムに対してはずっと「三戦」を仕掛けてきています。「三戦」は戦略的に長期にわたって遂行されます。そして、相手を絶体絶命の窮地に追い込み、戦う前に降伏するように陥れるのです。中国のこうした謀略にからめとられないように対処していくことが重要です。

「第5の空間」で始まった米中の覇権争い

現在、中国はいよいよアメリカとの覇権争いに突入したといえます。中国はこれまで陸軍が中心でしたが、今は海や空、宇宙にも力を注ぐようになりました。しかし、その分野ではいくら中国が強力になっているとはいえ、アメリカにはかないません。

そこで中国は、これからは「第5の空間」、すなわちサイバー空間が主戦場になると位置付けて、この分野に集中的に力を注ぐようになりました。

今後の戦争は、撃ち合いの始まる1分前に相手のコンピューター制御を全部潰せば勝ちになります。その分野では中国がアメリカを大きくリードしています。中国は5G（第5世代移動通信システム）に対して、これまでに4000億ドルを投資しているといわれています。その主軸になっているのが華為技術（ファーウェイ）です。ちなみに5Gというのは軍事用語です。

欧米はみな民間企業をベースに事業を展開しています。とても4000億ドルといった巨額の資金など出せるわけがありません。しかし、中国はそれをやるのです。中国は格安で途上国に対して5Gのインフラ整備を進めており、すでに世界の60カ国に対してファーウェイを中心とした中国仕様を採用する契約を取り付けています。中国はこうした動きを2014年くらいから始めており、アメリカは中国に完敗しています。

中国仕様のインフラ整備をいったん受け入れると、その後の維持、修理、バージョンアップなどの際、中国の力に頼らざるを得ません。将来、中国から情報提供などを要求されたら、協力するという選択肢しかなくなります。

ファーウェイというと、携帯電話から情報が抜き取られることなどが問題になっていますが、今まで情報が抜き取られたという話はなく、被害の実例はひとつも出ていません。中国が狙っているのはそんな小さな話ではないのです。

アメリカは「第5の空間」をおさえるという中国の狙いに、最近ようやく気付き始めました。ファーウェイの創業者の娘である孟晩舟を捕まえたのは、イラン制裁に違反したとされていますが、これは「冤罪」に近いと思います。そんなことではありません。狙いはファーウェイの勢いを止めるためであり、その危険性を国際社会に知らしめるためです。アメリカは中国からの遅れを挽回しようとして必死になっています。

中国とアメリカとの「第5の空間」をめぐる戦争はすでに始まっているのです。

ちなみにファーウェイの創業者である任正非は退役軍人です。連隊長クラスの幹部を務めたのち退役し、ファーウェイを起こしました。任正非の最初の妻は江沢民派の共産党幹部で、その特権を利用して企業を大きくしたのです。ファーウェイは民間企業で、国営企業ではありませんが、完全に中国政府の意向で動きます。また、任正非が海外に行けば、国家安全部の護衛が５人くらいつきます。正真正銘の中国の国策会社です。だからアメリカは本気でファーウェイを潰しにかかっているのです。

陸・海・空の軍事力においては、中国はアメリカに到底かないません。そのあたり、習近平は頭がよくて、アメリカと軍事競争をやったらソ連のように潰されてしまうことをよく知っています。しかし新しいサイバー空間を制すれば、陸・海・空・宇宙は簡単に制することができます。全部、サイバーでコントロールされているからです。これから米中がサイバー空間で激しくぶつかり合うことは避けられないでしょう。

第6章 腐敗する解放軍の内部

一晩では運びきれない「財宝」

中国軍の脅威について論じてきましたが、一方、中国軍には大きな弱点があります。それは腐敗現象です。中国軍の最大のアキレス腱ともいわれている腐敗の実態について、この章で詳しく紹介します。

中国軍で腐敗現象は鄧小平時代から始まったといわれます。毛沢東時代の軍人にはさまざまな特権があり、若い女性と不倫するなどの問題を起こす軍高官はいましたが、贈収賄や横領といった金銭面で問題を起こす人はあまりいませんでした。もっとも毛沢東時代の中国は計画経済が実施されており、贅沢品はほとんどなく、生活に必要なものは基本的に配給制、お金があってもものが買えない時代でした。人々はお金よりも権力を大事にしていました。

しかし、鄧小平時代になってから、特に改革開放以降、中国全土で拝金主義が蔓延し、まもなくして「軍部は汚職分子の巣窟だ」と言われるようになりました。江沢民、胡錦濤時代に軍内における腐敗現象がさらに加速し、それを端的に表すのが、2013年に摘発された総後勤部副部長の谷俊山中将のケースです。

谷中将は軍の兵站部門である総後勤部で、軍用土地を管理する最高責任者を長年務めた人物です。２０００年以降、中国都市部で不動産バブルが起き、土地の値段が高騰しました。同じ時期に、陸軍を縮小して海軍、空軍、ミサイル部隊を拡大する軍改革が進められ、全国各都市の中心部にある陸軍が持っていた広大な土地が、次々と民間の不動産業者に売り払われました。競売という形がとられましたが、どの土地をどのタイミングで売るかを決めることができた谷中将の権限が絶大だったため、業者たちは彼に巨額の賄賂を贈り続けたのです。

中国メディアによると、谷中将の汚職総額は20億元を超えたといいます。中将の河南省の実家は地元では「将軍府」と呼ばれる豪邸で、地下には複数の倉庫があります。中にはマオタイ酒や高級ワイン、骨董品、ブランドものの時計などが山のように積まれていました。また純金製の船の置物や洗面器、毛沢東像などもありました。家宅捜査に4台の軍用トラックが投入されましたが、一般市民に目撃されるのを避けて夜中に作業したため、すべてを運び出すのに一晩では終わらず、翌日の夜も続けられたそうです。

谷中将が失脚した理由は、収賄の額が多かったわけではありません。当時の習近平指導部が谷中将の後ろ盾である制服組トップだった徐才厚を失職に追い込むために、谷中将の口から徐才厚に不利な証言を引き出すことが目的だったといわれています。谷中将は運が悪かったという側面が大きかったのです。軍内には同じような汚職まみれの高官が多くいて、いまだに重要ポストに就いています。反腐敗キャンペーンで失脚したのは政治的に習近平の政敵に近い将官だけで、汚職の規模などとは関係ありません。

軍高官はなぜ自殺するのか

谷中将が摘発されて以降、軍内で大粛清が始まり、徐才厚、郭伯雄両制服組トップのほか、約100人以上の将官級クラスの軍高官が失脚しています。

特に徐才厚は長年軍の幹部人事を担当していたので、彼の自宅捜索で贈賄者リストなどのメモが発見され、芋づる式に多くの軍幹部が逮捕されました。その中で、元四川省軍区政治委員、葉万勇（少将）の賄賂が話題となりました。彼は徐才厚に誕生日プレゼントとして、段ボール箱に入った中国の最高級酒、マオタイ1ケースを贈りましたが、箱の中に入っているのはお酒ではなく、人民元の札束だったのです。しかし、その日、徐才厚が受け取った誕生日プレゼントがあまりに多すぎたため、箱は開けられないまま、徐家の地下室の倉庫に入れられました。

賄賂を送った葉少将は、次の人事で抜擢してもらうことを期待しましたが、叶わずに5年後、定年退職しました。しかし、さらに2年が経ったころ、徐才厚が失脚し、軍の規律部門による家宅捜索で、葉少将が贈った段ボールが開けられ、巨額の現金と葉少将の略歴が発見されます。葉少将は贈賄罪で逮捕され、インターネットで「世界一運の悪い贈賄者」と揶揄されました。

徐才厚が摘発された直後、自殺する軍の高官が相次ぎました。2014年9月、海軍主力部隊の南海艦隊装備部長の姜中華少将が職場のビルから飛び降り自殺し、2カ月後、姜の上司の馬発祥・海軍副政治委員（中将）も北京で飛び降り自殺をしました。

翌年2月、今度は中央軍事委員会総参謀部の劉子栄・空軍管理局長（少将）も飛び降り自殺しました。中国メディアの報道によれば、徐才厚と郭伯雄の失脚にともない自殺した軍高官は少なくとも20人に上りました。

あまりにも自殺者が多いため、習近平はある軍内部会議で「ビルから飛び降りて死ぬことは、軍人の血を汚す行為であり、人民、党、軍隊および国家利益に背くものだ」と厳しく批判しましたが、しかし、自殺者を減らすことはできませんでした。

軍の反腐敗キャンペーンの中、自殺した最も大物の軍人は、２０１７年11月23日に自殺した元中央軍委政治工作部主任、張陽（上将）でした。張上将は胡錦濤の側近で、習指導部発足後も、軍の主要首脳として政権を支えましたが、２０１７年秋の第19回党大会開幕する直前に軟禁されました。習派による軍内の胡派勢力排除の一環でしたが、張上将は規律部門の取り調べに黙秘を続けます。しかし別の所で軟禁された妻が自殺したことを知った張上将は大きなショックを受け、妻を追うように自宅のトイレで首を吊って自殺しました。

軍高官が自殺する理由は２つあるといわれます。１つは仲間と家族を守るためです。自分が口を割れば、自分とお金のやりとりがある上司、部下、同僚、友人などがすべて失脚し、当局によって一網打尽にされる可能性があるからです。しかし、自分がすべての罪をかぶって自殺すれば、自分の周りへの追及がやりにくくなり、助かった人たちが恩義を感じて自分の家族の面倒を見てくれることも期待できます。

もう1つの理由は屈辱的な謝罪を求められることです。中国の場合、高官の失脚を「反腐敗キャンペーンの成果」として宣伝することがしばしばあります。囚人服を着せられてテレビに出て、泣きながら罪を反省し、党に感謝することが求められるのです。

プライドの高い人はその屈辱に耐えられず、自殺してしまうことが多いといわれます。張上将ら自殺者は権力の犠牲者として同情されることはありますが、自宅から巨額な現金が発見されたともいわれており、汚職官僚であることは紛れもない事実です。中国軍の高級幹部の中に、清廉潔白な人はそもそも存在しません。

鄧小平時代に軍ビジネスが活性化

軍内で腐敗現象が急速に蔓延するようになったきっかけは、鄧小平が主導して1985年4月2日に開かれた中央軍事委員会拡大会議でした。この会議で軍人による企業経営が認められたからです。

当時鄧小平は、背に腹は替えられない事情を抱えていました。改革開放政策を推進するため、軍事予算を大幅に削減して経済分野にシフトしたいと考えていた鄧小平は、「軍隊が生産経営と対外貿易活動に従事する際の臨時規定」を策定し、全軍に配布しました。中国の国家財政支出に占める国防費の割合は、1980年は約16％でしたが、1986年は約8％に半減しました。

毛沢東時代の特権階級だった軍人が、改革開放が始まると、収入面で民間企業に大きく水をあけられました。当時の40代の軍中堅幹部の月収は約50元でしたが、外資系企業の同年齢の中堅幹部は約500元と10倍の差を付けられていました。軍内の人材は次々と辞職して、民間企業に移りました。ちなみに、最近、米中対立で主役となったファーウェイの創業者、任正非は当時、軍の連隊長クラスの幹部でした。友人数人と一緒に軍服を脱ぎ、ファーウェイを創業しました。もっとも、任正非たちは軍との関係は完全に断ち切っていなかったともいわれます。

鄧小平が1985年に認めた軍による企業経営は、植林、畜産、養殖、林業、運営、機械製造、ホテル経営、対外貿易、軍病院の一般開放など多方面にわたり、軍用倉庫や軍用港、空港の一般開放も、中央軍事委員会の許可があれば可能となりました。

軍隊の企業経営を認めたことで、軍ビジネスは一気に活性化します。作戦部門の総参謀部が凱利科技、人事と思想工作部門の総政治部が保利公司と２つの総合商社を設立すると、海軍の海洋航運公司、空軍が連合航空公司などと次々と新しい会社が作られました。地方に駐屯する部隊や軍の情報機関を含めて会社の設立が相次ぎ、警察の取り締まりを受けないという軍の特権を利用して、巨大な利益を手にしたのです。民間企業と競争する際に、誘拐、拘束といった手口を使う場合もあり、石油の密輸や武器の密売など犯罪に手を染める軍系企業も少なくありません。

闇ビジネスを完全に排除できるのか

中国政府が１９９５年に調べたところによると、軍系企業の総数は１万５０００社を超え、その評判があまりにも悪いので、当時の江沢民政権は、その整理に乗り出しました。高度経済成長が続き財政状況も改善したこともあって、江沢民政権は国防予算を増やす代わりに、軍系企業の縮小に乗り出したのです。

まず軍系企業を民営化させ、吸収合併も進め、その数を半減させました。1998年10月、中央軍事委員会と軍、武装警察などは「経営活動に従事しない法案」を発表しました。軍と企業経営を切り離すことを推進しましたが、その効果はあまり顕著ではなかったといわれます。多くの軍系企業は、表面上だけ民営化したものの、軍幹部が水面下で経営を続けています。

特に中国の軍病院の一般開放は2019年8月現在も継続されています。中国の軍病院は国内で最も優れた医療施設として広く認知されており、中でも中国人民解放軍総医院（通称、解放軍第301医院）は国家重要保健基地の1つとして、全軍の将兵の疾病診療だけでなく、党中央の要人から地域住民までの治療にあたってきました。一方で中国当局として未認可の治療法を高額で提供する軍病院が各地に多々あることも最近明らかになっており、軍病院の運営上のグレーゾーンを指摘する声も出ていました。

2016年4月、陝西省出身の大学生、魏則西氏が、軍系病院である武装警察北京市総隊第２病院で死去したことがきっかけで、軍系病院の不正ビジネス問題が表面化し、一般国民の関心を集めました。「魏則西事件」と呼ばれるものです。魏氏は大学２年のとき、数十万人に１人という滑膜肉腫を患いました。本人と両親は武警第２病院を訪れ、そこが滑膜肉腫の専門病院で、米スタンフォード大学との共同研究を行い、「生物免疫療法」（ＤＣ－ＣＩＫ）によって「約90％の治癒効果をあげている」と聞かされます。そこで両親は親戚や友人から夫婦の年収を超えるお金をかき集め、息子に４回の治療を受けさせました。しかし、その効果は現れず、ついに腫瘍は肺へ転移しました。魏氏が死ぬ間際にネット検索して調べると、「生物免疫療法」は滑膜肉腫に対して効果がないばかりか、米スタンフォード大学と武警第２病院が共同研究を行っているという話もまったくの嘘だったのです。

彼は日記に「あなたは人として最大の『悪』は何だと思いますか？」という一文を残し、21歳の若さで死去します。魏氏と両親は軍系病院というブランドを信用したために、だまされたのです。その後の軍当局の調べで、武警第２病院は土地と建物を民間の怪しげな医療グループに貸して、高い家賃を取っていただけの病院だったことがわかりました。「魏則西事件」がインターネットで大きな話題になり、軍病院を廃止すべきだという意見が殺到しました。2019年8月、軍中央は軍病院の民間向け運営を間もなく完全停止する方針を発表しましたが、これまで何度も同じような発表が行われており、どこまで実施できるかが注目されます。

上から下まで汚職まみれ

軍のビジネス関与により、軍内で汚職や利権をむさぼる腐敗現象も深刻化し、これが軍の弱体化を招くのではないかという懸念も出ています。

中国人民解放軍には長年、総参謀部、総政治部、総後勤部、総装備部という4総部がありますが、それぞれ副業をして、金儲けをしていたといわれます。

総参謀部には情報部門があり諜報に強いので、盗聴情報や産業情報を企業に売り、人事を行う総政治部はポストを金で売っていました。また総後勤部は軍用地の売買で、総装備部は軍の装備を売って金を稼いでいました。イランやテロ組織「ヒズボラ」などに武器が渡っていたわけです。中国の武器が海外に流れているといわれますが、これは軍からの横流しで、必ずしも中国共産党のトップが認めているわけではありません。

習近平指導部が軍改革を実施し、４総部が15部署に再編されました。習派の息が掛かった幹部たちが多く抜擢されましたが、汚職は今も存在しています。ある軍関係者は「換湯不換薬」（煎じ薬の湯を換えて薬を換えない。形式だけを変えて内容を変えないという意味）と説明しています。

軍の上層部だけではなく、腐敗は軍の現場まで蔓延しています。軍紀の乱れ、賄賂の横行は目に余るものがあります。筆者が特派員として中国に駐在していた２０１４年頃、およそ３日間行動を一緒にした元軍人からその具体的な話を聞いたので、ここで紹介しておきます。

この元軍人は、筆者が出張先の河北省で雇った白タクの運転手で、第2砲兵部隊（現在のロケット軍）の青海省の基地で4年間、勤務していたそうです。雑談の中で、軍現場での状況をいろいろと教えてくれたのですが、その腐敗ぶりにはびっくり仰天しました。

元軍人は高校時代、喧嘩で同級生に怪我をさせたため退学になるのですが、彼の将来を案じた父親は親戚中からお金を借り、5万元を地元の軍人募集担当役人に贈って、彼を軍に入れたのだといいます。

中国は現在、徴兵制をとっていますが、約14億人の人口に対し200万人あまりの兵士しかいません。特に農村部では、軍に入って昇進すれば、農民の戸籍を都市部の戸籍に変えられる可能性もあるので、兵種によっては、賄賂を贈らなければ入れない場合もあります。

各地方政府には、徴兵と復員を担当する、武装部と呼ばれる部署があります。毎年の徴兵の際に賄賂を受け取り、復員時に再就職を斡旋する際、いい国有企業の就職口を高く売るなどして、もう一度収賄できる、〝とてもおいしい〟部署といわれています。

昇進するのも金次第

「勤務の楽なところにしてやってくれ」とこの運転手の父親が頼んだため、彼はミサイル部隊に配属されました。4年間勤務して、最後は班長になりますが、退役する前、上司から「20万元を払えば、軍付属の大学で研修を受けさせ、その後小隊長にしてやる」と言われたそうですが、金が足りなかったために諦めざるを得なかったとのことです。

彼によれば、軍の中で昇進するためには、金が必要で、連隊長や大隊長、中隊長のポストなどにはすべて「相場」があるうえ、功２級、功３級などの栄誉もすべて金で買えるといいます。金でポストを買えば、そのポストの権力を使って金儲けができるシステムになっているそうです。

彼は班長にすぎませんが、それでも結構、おいしい思いをしたといいます。彼の班は他の部隊駐屯地から遠く離れた石油タンクの警護が任務でした。定員は12人ですが、実際はその半分の６人しかおらず、意図的に定員割れの状態にしていました。毎月12人分の生活物資が届きますが、余ったものを地元の牧民に売ることができるからです。たとえば、市販で１袋２００元の米を１５０元前後で売り、軍用の靴や靴下なども人気が高く飛ぶように売れたそうです。「不正について上司は何も言わないのか」と聞くと、「私たちは袋で売っているが、上司はトラックごと売っているからお互い様だ」と平然としていました。

彼が所属する部隊の副連隊長は、連隊長になるのに100万元を使ったそうですが、たった1年で「投資」を回収できたといいます。儲ける方法はいくつもありますが、最も金になるのは羊の放牧だったそうです。連隊長はミサイル基地の中の広大な草原を管理していたそうです。空気が新鮮で青草も豊かな草原ですが、軍事部門のため、当然外部の人間の立ち入りは禁止とされています。連隊長は基地の中での放牧する許可を特定の牧民に与え、その代わりに自分の羊を管理させます。たとえば、ある牧民が100頭の羊を持っていれば、連隊長は自分の分としてさらに100頭を預けて、面倒を見てもらいます。環境の良いところで放牧できるため、牧民は喜びます。このような牧民を10人見つければ、毎年羊1000匹分の収入が得られるのです。これは地元牧民の年収の10倍です。

部隊に勤務していた4年間で、最も好きだった仕事は基地内の巡回だったそうです。青海省は冬虫夏草とよばれる貴重な漢方薬の産地です。冬虫夏草はキノコの一種で、免疫力アップ、精力増強の効果があるといわれ、2センチほどの小さなものでも1000元近くするといいます。近くに住む牧民はよく冬虫夏草狩りのために基地に入ってきますが、警備する兵士たちの「仕事」はそうした牧民たちが帰るタイミングを見計らって彼らを捕まえ、冬虫夏草をすべて没収することでした。

基地の外へ必死に走って逃げる牧民の後ろから発砲して、重傷を負わせたこともあったといいます。「勝手に軍の施設に入ってきたわけだから、こちらには発砲する権利がある。牧民は射殺されても文句は言えない」と彼は笑いながら言いました。ただ、牧民から奪った冬虫夏草の半分以上は、小隊長、中隊長などに上納しなければならないことになっていたそうです。

賄賂がなければ「事故死」させられる

筆者はこの運転手の話に衝撃を受け、ほかの数人の軍関係者に話して感想を聞きましたが、だれひとり驚きませんでした。ある陸軍関係者は「よくある話だ」と聞き流したあと、「軍の中で腐敗が最もひどいのは新兵訓練の部署だ」と指摘しました。班長や小隊長が新兵に賄賂を強要することが横行しており、10元を渡してタバコに買いに行かせ、

90元のおつりを要求し、おつりを持ってこなければ殴る蹴るの暴行を加えることなど日常茶飯事だといいます。

新兵の中で最初に班長になるのは、広東省や上海市など豊かな地域の出身者で、訓練中に「事故死」するのは、ほとんど河南省や貴州省など貧しい地域出身の兵士だという話もあるそうです。理由は簡単で、裕福な広東省出身の兵士などは実家から送金してもらい上司に賄賂を贈ることができます。しかし河南省出身などの兵士はお金がないため、上司に撲殺されたあげく「事故死」にさせられるのだそうです。

軍事演習は現場部隊にとって金儲けの大きなチャンスとなります。弾薬だけではなく、ガソリンを大量に使う上、自動車のタイヤや双眼鏡なども消耗するため、新しい装備を購入する名目で予算を申請できるのです。ヘリコプターなどの墜落事故もチャンスです。安全強化という名目でさまざまな物資を新しく購入し、架空の学習会を実施したと称して講師費、教材費などとして精算します。

上層部が腐敗しているから、下も当然ながら悪知恵が働きます。賄賂を贈らなければ、昇進できないという仕組みのため、たくさん金儲けできる人だけが偉くなり、まじめな人が排除されるという逆淘汰現象が軍内で起きるのです。

反腐敗の聖域

習近平指導部は反腐敗キャンペーンで「トラもハエも叩く」と宣言しています。トラとは高級官僚で、ハエは一般役人という意味です。しかし、これまでに失脚した「トラ」たちの経歴を見ると、ほとんどが「貧しい農村の出身、苦学して出世した」人たちばかりで、「共産党高級幹部の家庭に生まれた」という経歴の人はほとんどいません。北京の共産党関係者は「虎はやられる。竜はみな見逃されている」と指摘しました。この場合、竜は「太子党」のことを指していて、習政権の反腐敗キャンペーンでは決して触れられない「聖域」のことです。

習近平など共産党古参幹部の子弟たちのことを、一般民衆は「太子党」と呼んでいます。親の七光りの恩恵を受け、大きな特権を手にした人々という意味があり、決してほめ言葉ではありません。中国語では「太子」はもともと「皇帝の息子」の意味で、古代の帝王はいずれも〝真竜天子〟を自称したため、太子党の隠語として「竜」や「竜の子」といわれることがあります。

１９４９年に建国した共産中国は、「政治的に信用できる」ことを幹部登用の重要基準にしていて、指導者の子弟を抜擢することがよくあります。今日の中国で、元高級幹部の子弟である「太子党」は軍主要幹部の中で非常に大きな割合を占めています。

制服組トップの張又侠・中央軍事委員副主席の父親は、張宗遜・元副総参謀長です。武装警察副司令官の秦天の父親は元国防相の秦基偉。陸軍副司令官の尤海濤の父親は、成都、広州軍区司令官を歴任した軍長老の尤太忠でした。彼らは軍の中の主な習近平支持者です。毎年、新しく昇格する将軍の経歴を見ると、親が軍指導者だったケースがあまりにも多いことから、インターネットでは「将軍の子供は必ず将軍になる、なんだか三国志を読んでいるみたいだ」と批判されたこともあります。

習近平政権による反腐敗キャンペーンは軍内で数10人の将軍を失脚に追い込みましたが、その中〝2世将軍〟は、郭正鋼（少将）しかいません。郭正鋼氏の場合は、農民出身の父親、郭伯雄・元中央軍事委員会副主席に連座した形で失脚したため、「太子党」

も反腐敗の対象になったとはいえません。

習を支持する疑惑の団体

習近平指導部は近年、ＮＧＯ（非政府組織）への弾圧を強化しており、環境問題や女性人権問題など政治的に敏感なテーマを扱う団体が相次いで解散させられ、北京を中心に活動する幼児教育を専門とする団体も、しばしば市当局から「イベント中止命令」などの嫌がらせを受けます。「党による管理の強化」を目指す習指導部は、党や政府のコントロール下にない組織の活動を制限しようとしているのです。

そんな中、「延安児女聯誼会」という民間団体だけが、当局のこうした動きにもかかわらず、積極的にさまざまな活動を展開しています。２０１５年8月、抗日戦争勝利70周年に合わせて、この団体は日中戦争中に戦死した共産党軍関係者が眠る各地の「烈士霊園」へ墓参りするというイベントを企画し、官製メディアにも多く取り上げられました。

「延安児女聯誼会」とは、「延安で育った子供たちの友情を深める会」という意味です。延安は日中戦争や国共内戦当時の共産党の本拠地であり、そこで育った子供たちは共産党の高級幹部の子弟を意味します。つまり、この団体は中国最大の太子党の組織ということです。もっとも、メンバーたちは「太子党」と呼ばれることを嫌っており、自分たちのことを「紅二代」だと自称しています。

「延安児女聯誼会」は1984年に設立され、当初は延安にあった複数の共産党幹部子弟学校の同窓会でした。その後少しずつ規模を拡大し、現在は関連団体を含めて会員数は5000人を超えたといわれます。入会条件も延安にこだわらなくなり、両親のいずれかが、党幹部として共産革命に貢献していればよいとなっています。現在の会長には、毛沢東の秘書を務めた胡喬木の娘、胡木英が就任しています。習仲勲元副首相を父親に持つ習近平も、その弟の習遠平も、2人の姉、斉橋橋、斉安安もこの団体のメンバーです。

「延安児女聯誼会」は毎年の旧暦の正月に、北京で総会を開き、習近平政権への支持を打ち出します。当初の参加者は100人前後でしたが、年々増加し、1000人を超える年も少なくありません。太子党の特権を利用して巨万な富を手にした人が多く含まれています。中国で最も金銭疑惑の多い組織ともいえますが、その関係者は全国に吹きあれる反腐敗の嵐の影響をほとんど受けておらず、むしろ、政治的影響力を強めています。「延安児女聯誼会」のメンバーの親は元軍高官がほとんどで、今もさまざまな人間関係があり、軍に対する影響力が強いといわれます。習近平が軍における権力集中を図る際に、同団体の支持は大きな援軍です。

しかし、最大の腐敗集団と手を握りながら、反腐敗キャンペーンを推進する習政権が、国民から本当の支持を受けることはないでしょう。

外国のスパイとなった中国の軍人たち

2019年7月、軍の宇宙開発部門の責任者、銭衛平・装備発展部副部長が軍規部門に身柄を拘束されたことが明らかになりました。米国留学中の長男を通じて米国側に軍の機密情報を渡し、巨額の金を手にしたと香港紙などが伝えていますが、実態は不明で、銭衛平の事件に、その上司、同僚、部下など70人が巻き込まれたとの情報もあります。事実であれば、中国軍の宇宙開発にとって致命的な打撃かもしれません。

軍の現場で拝金主義が蔓延すると、外国の情報機関から金品をもらって機密情報を売り渡すスパイが増えます。中国の軍指導部の近年の大きな悩みの種となっています。

スパイになった軍高官の中で、最も有名なのは1999年8月に処刑された劉連昆少将です。東北部の黒竜江省チチハル出身の劉少将は1947年、14歳で中国人民解放軍に入隊し、国民党との内戦に参加し、その後、推薦で軍系大学に行き、軍内で順調に出世を重ね、1988年、軍の装備を管理する総後勤部軍械部長というポストで少将まで昇進しました。

劉少将が台湾のスパイになったのは1992年でした。当時の中央軍事委員会主席・江沢民の主導で幹部の若年化が進められ、今後昇進する見込みがないと判断した劉少将は、情報を台湾に売ってお金に換えようと考え、自ら台湾の情報機関に連絡しました。台湾側との話し合いで、毎月基本給3500米ドル、台湾側に渡す情報の重要性に応じて一定の額が支払われることで合意しました。

以降、約7年間にわたり、１００以上の機密情報を台湾側に渡して、約２５００万台湾ドル（当時のレートで約８０００万円）の報酬を手に入れました。劉少将が台湾に渡した情報の中には、中国がロシアからの武器購入リストや鄧小平死去といった機密情報も含まれていました。

香港メディアなどによれば、劉少将が捕まったきっかけは１９９６年の台湾総統選挙でした。中国軍が選挙に合わせて台湾海峡で軍事演習を行い、ミサイルを撃ち込みましたが、劉少将は台湾当局に対し「中国のミサイルは爆弾を積んでいない空砲だ」と事前に教えていました。しかし、総統の李登輝が台湾の株価などを安定させるために「空砲だ」と発言したことから、中国側が情報漏洩を疑い始め、内偵を続けた結果、１９９９年に劉少将を逮捕し、処刑しました。一緒に逮捕された軍幹部は約20人に上り、劉少将の長男もスパイ罪で懲役15年の判決を受けました。その後、劉少将の位牌が台湾の軍事情報局内の忠烈堂に祀られていることが台湾メディアによって確認されました。

劉連昆事件からわずか5年後、劉広智事件が明るみに出ます。蘭州軍区副参謀長、空軍指揮学院院長を歴任し、全国人民代表大会代表（国会議員に相当）の空軍少将劉広智が台湾に多くの情報を売り渡していたことが判明したのです。きっかけは台湾の総統陳水扁が、中国軍が5つの場所で台湾に向けて496機のミサイルを設置していることを発表したことでした。中国の手の内がここまで詳細に把握されていることに驚いた中国当局が内偵を開始し、劉広智を逮捕し、2004年に処刑しました。

その後も中国軍高官と台湾のスパイになった案件も数件続きます。近年は減少傾向にありますが、中国の経済発展で情報の相場が上がり、台湾の情報機関の予算ではなかなか買えなくなったことが主な原因といわれます。逆に米国に情報を売るケースが増えているといいます。ある共産党古参幹部は「腐敗まみれの軍隊に属している軍人は、誇りもプライドもない。金さえくれれば、何でも売る」と話しています。

軍の士気を下げる退役軍人デモ

習政権の頭を悩ませるもう1つの問題は、就職の斡旋や待遇改善を求め、退役軍人が全国各地で大規模な抗議デモを起こしていることです。

退役軍人たちのデモが注目されるようになったのは、奇しくも、強兵路線を全面的に打ち出した習近平政権が発足してからです。８月１日の建軍節の前には、中央軍事委員会の施設である「八一大楼」（北京市海淀区）の前に、迷彩服で身を固めた退役軍人たちが集まり抗議することがほぼ毎年の恒例になっています。

その背景は大変複雑ですが、退役軍の退職時の一時金やその後の手当が地方政府に横流しされ、支払われていなかったことへの抗議が多数です。また、１９７０年代から80年代にかけてのベトナムとの一連の紛争と武力衝突で負傷した兵士や、核実験などで身体に後遺症が残った兵士たちへの補償が十分ではなかったこともあります。

また、退役後、地方政府が再就職を斡旋することになっていますが、地方政府はその責任を果たしていなかったケースもあります。国有企業に退役軍人優先の就職ポストはたくさんありますが、地元政府の関係者らがそれを元軍人に渡さず、自分の親戚や関係者を就職させるケースも多いといわれます。退役軍人を支援する補償金をほかのところに流用する地方政府も少なくありません。高度経済成長期なら、沿海部に行けば働き口はいくらもありましたが、元兵士の高齢化と最近の不景気で仕事がほとんどなくなり、元兵士たちは政府に支援を求めていますが、相手にされないため抗議デモに発展したのです。

土地を強制徴用された農民、少数民族、宗教関係者などによる抗議デモは日常的に発生しており、年間25万件前後に上るともいわれています。しかし、退役軍人たちによるこれだけ大規模なデモは、政権にとってほかのデモにない脅威です。

まず、退役軍人たちは全員、軍事訓練を受けたことがあり、しかも、組織化されています。最も厄介なのは、退役軍人たちの抗議に対し、治安維持を担当する武装警察はほとんど手を出さないことです。農民や労働者のデモなら容赦なく弾圧する武装警察たちにとって、退役軍人たちは先輩であり、彼らの姿を見て「明日は我が身」と考える人が多く、「退役軍人たちにもっと頑張ってもらって自分の将来の待遇改善につなげたい」と思う人もいるからです。

本来ならば、退役軍人の問題は社会治安の根幹に関わり、最も優先的に解決しなければならないのに、問題がここまで大きくなったのは、「各地方政府が対策資金を流用したことや、そもそも対策する資金が底を尽いたこと」が原因だといわれます。

２０１８年の全口人民代表大会（全人代）で「国務院機構改革案」と称する組織改編案が成立し、退役軍人の再就職支援などを行う「退役軍人事務部」が設立されました。中央政府は退役軍人に対するサービス強化と効率化向上を図りますが、問題はほとんど解決されず、退役軍人たちの抗議デモは逆に拡大する傾向にあります。

代表的な例は、２０１８年6月の鎮江事件です。約１００人の退役軍人が江蘇省鎮江市政府前の広場を占拠して抗議活動を行ったところ、深夜に数百人の暴力団とみられる集団に襲撃され、多くの負傷者が出ました。市当局が暴力団を呼んできたに違いないと判断した退役軍人たちは、インターネットを通じて応援を呼びかけました。翌日、情報を聞きつけた数万人の退役軍人が全国から続々と鎮江に集まり、市政府を包囲、当局も武装警察を動員して鎮江周辺の道路を閉鎖し、退役軍人たちともみ合いになる場面もあって、数百人のけが人を出しました。

その後、当局は暴力事件の調査を約束し、退役軍人らは解散しましたが、彼らが見せた強い連帯感は中国当局に大きな衝撃を与えました。また、習氏が進める大胆な軍改革への不満勢力が退役軍人のデモを煽っていることを指摘する声もあります。

中国には計５７００万人の退役軍人がいるといわれており、今後、ますます増加していくとみられます。習近平政権は軍改革の一環として、人員削減への不満解消のため早期退役する兵士や幹部の退職金を引き上げましたが、これによって退役した軍人との間で、不公平感がさらに広がり、デモが拡大する結果になったのです。

長年蓄積された退役軍人の問題を解決することは簡単ではありません。しかし、年老いた彼らが、昔の軍服を身にまとい、政府機関前に抗議する姿が、現役軍人の士気を大きく下げることは言うまでもありません。

５７００万人の退役軍人という大きな荷物を背負っている中国人民解放軍。兵士たちの後顧の憂いをなくさない限り、習近平が目指す、世界一流の軍隊にはほど遠い存在です。

第7章

解放軍の実力と野望へのロードマップ

兵力200万人の解放軍

中華人民共和国では、中国共産党が江西省南昌で武装蜂起した（南昌蜂起）１９２７年８月１日が建軍記念日とされており、軍の徽章や軍旗には「八一」の字があしらわれています。

中国工農紅軍、八路軍（中国北部で活動）、新四軍（中国南部で活動）、東北抗日連軍（旧満州などで活動）などの離合集散や名称変更を経て、１９４６年ごろから中国人民解放軍と呼ばれるようになりました。共産党と国民党との内戦が本格化した１９４７年に「中国人民解放軍宣言」が発表され、解放軍の目的は「中国人民と中華民族を解放し、内戦の元凶蒋介石を打倒すること」と定められました。

その後、国共内戦に勝利した共産党は中華人民共和国を建設しますが、軍の名称が今も変わっていないのは、人民解放軍が共産党の軍隊であり、党の指導下に置かれていることを意味するからです。

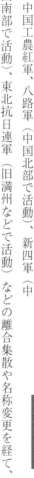

人民解放軍はソ連軍をモデルにしていますが、中ソ対立が始まり、中国への軍事支援は打ち切られました。また、毛沢東の死去により、実権を握った鄧小平が経済建設に舵を切ったことで、人民解放軍は大きな転機を迎えます。鄧小平は人民解放軍を「水膨れし鈍重で、怠惰である」と批判し、過剰な人員はすべて削減して、余った金で装備を現代化する「１００万人の兵力削減」を断行しました。

軍のスリム化と近代化という軍事改革路線は江沢民、胡錦濤、習近平にも引き継がれました。２０１２年に中央軍事委員会主席に就任した習近平は、２０１６年から大規模な軍事改革に踏み切ります。「勝つ軍隊」に向けて軍の強化に大ナタを振るったのです。自らの夢である「中華民族の偉大なる復興」を実現するため、最大の脅威であるアメリカに打ち勝つというのがその狙いですが、一方で習近平が軍を完全に掌握するため、自らに権力を集中させた体制に組織を作り替えました。

現在の人民解放軍はどのように姿を変え、どれほどの実力を備えているのか。この章では人民解放軍の軍事力の実態について見ていきます。

相対的に低下した陸軍の地位

中国の軍事力は陸軍、海軍、空軍、ロケット軍、戦略支援部隊で構成された人民解放軍に加えて、人民武装警察部隊、民兵で成り立っており、このうち人民解放軍の兵員数は約２００万人といわれています。

平成30（２０１８）年版の『防衛白書』によると、陸上兵力は98万人で戦車は約７４００両を保有。海上戦力は艦艇約７５０隻、空母・駆逐艦・フリゲート艦約80隻、潜水艦約70隻、海兵隊約１・５万人を有しています。また航空戦力は作戦機約２８５０機で、第４、５世代戦闘機は８５２機などとなっています。

２０１８年度の国防予算は約1兆１０７０億元に上り、１９８９年度から30年間で約51倍に増加しました。一方で習近平は兵員の「30万人削減」を打ち出し、軍のスリム化を進めました。

人民解放軍の最高指揮権は中国共産党中央軍事委員会が有しています。１９８２年の憲法改正により国家中央軍事委員会が新設されましたが、この２つの構成メンバーはま

人民解放軍組織図

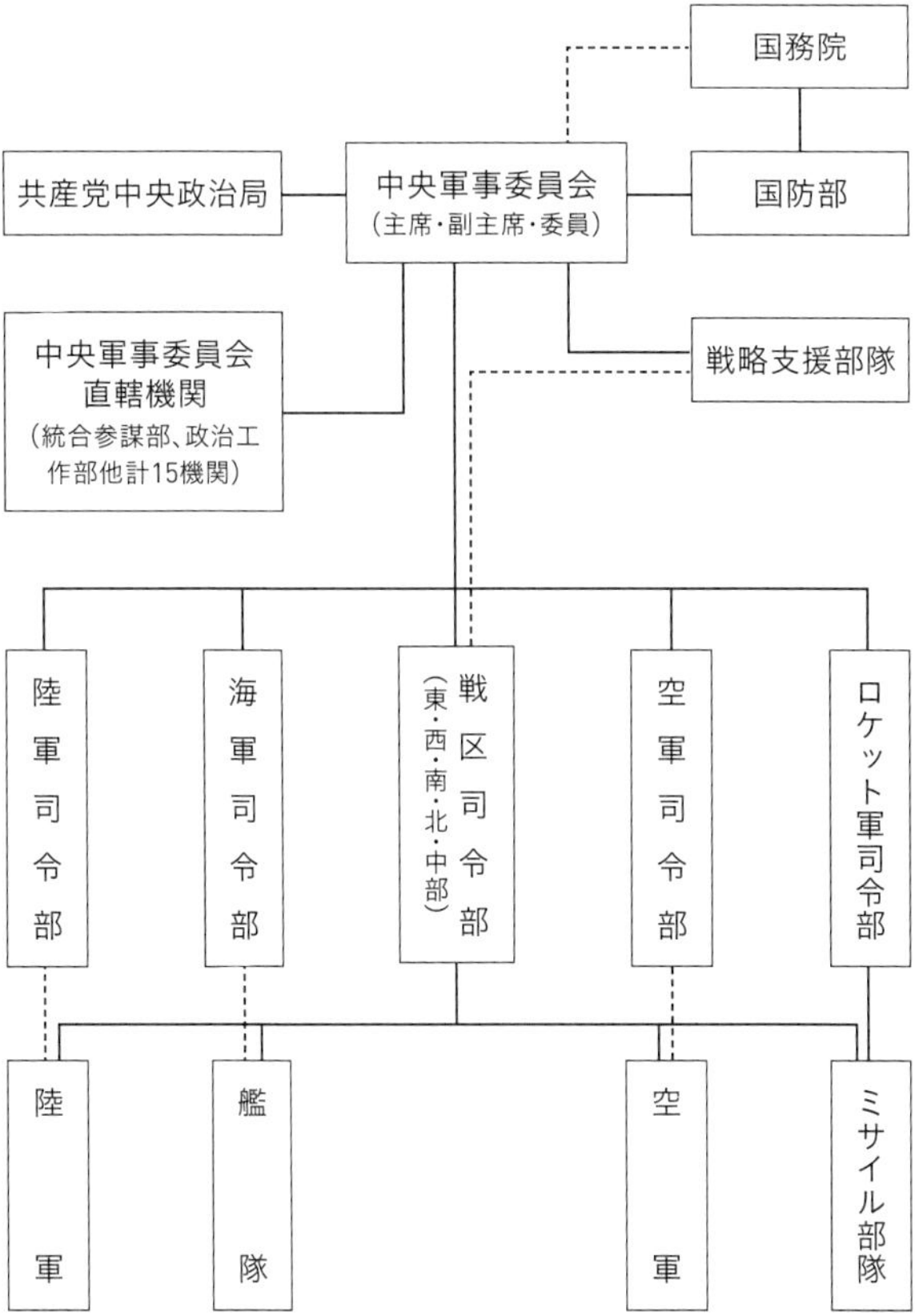

――――― 直接のつながり、指揮系統
- - - - - - 支援、管理など

※防衛研究所「中国人民解放軍の統合作戦体制」（杉浦康之『防衛研究所紀要』2016年）

ったく同じです。一見、国家も人民解放軍を指導するように映りますが、実際に人民解放軍が党の指導下にあることには変わりありません。

中国共産党中央軍事委員会は主席、副主席、委員によって構成され、現在のメンバーは7人です。主席は習近平が務めています。主席はこれまでに毛沢東、華国鋒、鄧小平、江沢民、胡錦濤が名を連ねていました。

第4章でも触れたように、習近平は2015年から2016年にかけて、軍の大改革を相次いで発表し、再編に着手しました。

改革後、陸軍司令部を新設し、第2砲兵部隊をロケット軍に改編しました。「戦略支援部隊」の設置などに加え、人民解放軍の主軸となっていた4総部（総参謀部、総政治部、総後勤部、総装備部）を解体し15部門へ再編、そして7つの軍区を廃止して5つの戦区を発足させました。

中国で国防業務を実際に担当するのは、国防省ではありません。事実上、国防の指揮や機能を主管していたのは、中央軍事委員会の下にある4総部が行っていました。いわば人民解放軍の「司令部」といえるものですが、これを廃止したために、軍では大きな混乱が起きました。

新たに再編された15部門とは、7部（弁公庁、統合参謀部、政治工作部、後勤保障部、装備発展部、訓練管理部、国防動員部）と、5つの直属機関（戦略計画弁公室、改革編制弁公室、国際軍事協力弁公室、財務監査署、機関事務管理総局）、3つの委員会（規律検査委員会、政法委員会、科学技術委員会）で構成されています。

4総部で最も力を持っていたのは総参謀部でした。人民解放軍は伝統的に陸軍主体の軍で、陸軍は海軍や空軍などよりも一段、高い位置にありました。総参謀部は直接、陸軍を指揮する役割を果たしており、このため、軍の「元締め」的な存在でしたが、これを廃止して陸軍司令部を発足させたことで、陸軍は海軍、空軍に並ぶ1つの軍種となりました。これは陸軍の存在が相対的に低下したことを物語ります。

また、もう1つの大きな改革が、鄧小平時代に設置された7大軍区（瀋陽、北京、蘭州、済南、南京、広州、成都）を廃止し、5大戦区（東部、西部、南部、北部、中部）に再編したことでした。（121ページ図版参照）

その結果、大まかにいうと瀋陽軍区は北部戦区に、北京軍区は中部戦区に、南京軍区は東部戦区に、広州軍区は南部戦区に、蘭州軍区は西部戦区へと変わり、成都軍区と済南軍区は廃止されました。

東部戦区（司令部・南京）の担当は台湾や日本がメインで、西部戦区（同・成都）はインドやパキスタン、中央アジアなど、南部戦区（同・広州）は南シナ海や東南アジア、北部戦区（同・瀋陽）は朝鮮半島やロシア、モンゴル、日本など、そして中部戦区（同・北京）は北京の防衛にあたるほか、サイバー空間や宇宙などを担当します。

ただ各戦区の司令員（司令官）はほとんどが陸軍出身者で、司令員と並ぶ政治委員も大多数を陸軍出身者が占めていますから、陸軍の優位性はなお続いているとも指摘されます。

防衛白書ではこれら一連の改革について「統合作戦能力を向上するとともに、平素からの軍事力整備や組織管理を含めた軍事態勢の強化を図ることにより、より実戦的な軍の建設を目的としていると考えられる」と分析しています。

今回の改革の目的は中央軍事委員会の権限の強化とともに、習近平の権力拡大や統率力強化の狙いも指摘されています。改革によって習近平の軍掌握が一層、進んだといえます。

人によって変化する国防部の力

政府にあたる国務院に国防部（国防省）という部署があります。１９５４年の憲法公布にともない設立された機関で、この機関は外務省、商務省などと並ぶ首相の管轄下にあります。軍から政府に出向している出先機関ですが、その役割については「国防建設事業の指導と管理」とあいまいに定められており、実際の権限は、トップを務める人物の実力に伴い大きく変化してきました。

解放軍の指揮権は、中央軍事委員会に属していますが、その権限も変わってきたということです。

１９５４年の国防省の成立に伴い、陸軍総司令官のポストは廃止され、国防相はその職務を継ぐこととなります。初代の国防相は朝鮮戦争で中国人民志願軍の総司令官を務めた彭徳懐でした。

中央軍事委員会副主席も兼務する彭徳懐は国防相として中国人民解放軍の実際の指導を行い、軍令の権限も掌握しました。1955年に十大元帥の第2位に選ばれました。第1位の朱徳は当時、すでに第一線を引退しています。中央軍事委員会主席の毛沢東は軍の実務にほとんど口を出さないため、彭は1954年から約4年間、中国軍の実質的な責任者を務めました。

しかし、ソ連軍をモデルに軍の近代化を推進したい彭徳懐と、中国における共産革命で活用した持久戦論とゲリラ戦術を重視したい毛沢東との路線の違いが次第に明確化していきました。「ブルジョア軍事路線」やソ連追随の「教条主義」などと党内で批判された彭は軍権を奪われます。1958年の軍改革で、中央軍事委員会が全軍を統一的に指導する統帥機関であり、中央軍事委員会主席の毛沢東が全軍の統帥であることが確認されました。彭徳懐は更迭されませんでしたが、国防相の位置づけがワンランク下がり、軍首脳の総参謀長、総政治部主任、総後勤部長と同列になりました。

彭徳懐は翌年の廬山会議で毛沢東の大躍進政策を批判して失脚、その後の文化大革命中に迫害され、批判大会で紅衛兵から何度も激しい暴行を受けたのち、すべての窓が新聞紙に覆われた部屋で約8年間も監禁されました。死の直前に強制労働中の妻に会いたいと懇願しますが、それも拒否され、1974年11月に死去しました。

彭徳懐のあとに国防相に就任したのは林彪でした。中央軍事委員会第一副主席、第一副首相も兼務した林は、毛沢東が指名した後継者であり、一時、大きな権勢を振るいましたが、1971年にクーデター未遂事件を起こし、モンゴルで墜落死します（第5章参照）。毛沢東はそのショックで、しばらく次の国防相を選ばず、ポストが4年間も空席となります。

その後、軍長老の葉剣英、徐向前が国防相に就任しましたが、名誉職の側面が大きいといわれました。

1979年中越戦争が勃発します。当時の国防相は徐向前ですが、軍に対する命令および国民に対する通告などは国防部ではなく、中央軍事委員会の名の下で発表されました。

鄧小平が主導した改革開放が本格化して、中央軍事委員会における軍の指揮権の集中がさらに進められ、国防相の位置付けは、中央軍事委員会の2人の制服組の副主席より格下となりました。中央軍事委員会副主席レースに敗れた人が就くポストともいわれたのです。

２０１９年９月現在の国防相である魏鳳和はロケット部隊の司令官を長年務めた人物です。出身母体が新しい部隊で、人数が少ないため、軍内における支持基盤はあまり強くありませんが、対外強硬派として知られています。

２０１９年６月にシンガポールで行われたアジア安全保障会議に出席した際には米中貿易戦争について「米国が対話を望むならドアは開いている。戦いたいなら戦う用意はできている」と発言、台湾問題についても「台湾を中国から分裂させようとするなら、中国軍はすべての犠牲を払って戦うという選択肢しかない」と述べたことで、注目されました。

注目される『国防白書』

中央軍事委員会の複雑な構成に比べて、国防部の組織は極めてシンプルです。現在公開されている部局は5つしかありません。

新聞局、国際軍事合作弁公室、国際伝播局（政治工作宣伝担当）、徴兵弁公室、維和弁公室（ＰＫＯ活動などを担当）の5つです。各国大使館に駐在する武官も名目上は国防省が管轄することになっていますが、実際のところは、中央軍事委員会の情報部門が武官を管掌しています。

この5つの部局を見ればわかるように、国防部の仕事は軍の宣伝広報、国際交流、徴兵といった後方支援的な役割しか果たしていません。しかし、近年、中国軍への世界の関心が高まったことで、国防部の報道官の発言が注目されることが多くなり、国防部の存在感が高まっていることも事実です。

国防部が注目されるようになったのは、２００８年に報道官制度を導入したことがきっかけです。これまで、中国軍には対外発信の窓口がなく、ブラックボックスといわれましたが、国防部報道官によって、中国軍の行動原理や今後の方針が不完全ながら発信され、透明度が高まったことは事実です。

しかし、毎月1回行われる国防部報道官の定例会見は、すべての外国メディアが招待されるわけではありません。中国側が認めたメディアでなければ、記者会見の会場に入れてもらえません。

日本メディアの場合、朝日新聞の北京駐在記者はほぼ毎回参加していますが、産経新聞の中国総局記者は、一度も参加したことがありません。

中国軍の情報公開について、もう1つ注目されているのは『国防白書』です。2019年7月、中国は4年ぶりに『国防白書』を発表しましたが、4年前の2015年のものと読み比べると、その戦略の方向と意図が大きく変化していることがわかります。4年前は、国際情勢分析や中国軍の現状と発展方向を示すことが中心でしたが、今回の『国防白書』では、米中貿易戦争という背景を踏まえ、米国を名指しで「世界の安定を損ねている」と批判し、「戦闘準備する」とも言明しています。南シナ海に関しても米国の「航行の自由作戦」を批判しています。日本として看過できないことは、尖閣諸島（中国名・釣魚島）については「中国固有の領土である」と断定し、「(尖閣に対する)巡視航行を実施し、法に基づいて国家主権を行使する」と宣言していることです。

前回の白書では、尖閣諸島について触れていなかったのに、中国軍による同諸島への主権主張がこの4年で一歩前進したことをうかがわせました。4年前と比べて、日中関係は大きく改善したにもかかわらず、中国軍の日本への敵意は逆に強まったことを読み取ることができます。

また、2019年の『国防白書』は、台湾独立勢力を強く牽制していることも大きな特徴です。白書の中で4カ所にわたって「台湾独立勢力」との戦いに言及しました。記者会見した国防部の呉謙報道官は「台湾独立は『救いのない一本道』だと白書を通して明確に伝えたい」と狙いを語りました。

白書は香港問題に触れていませんが、呉謙報道官は香港メディアの「（香港のデモに）国防省はどんな対応策があるのか」との質問に対し「中国の駐軍法第3章第14条に明確な規定がある」と答えました。同条文では、香港特別行政区政府が、災害の救助や社会の治安維持が必要な場合、中国軍の香港駐留部隊に対して、出動を要請することができると定めています。法的には抗議運動を軍が鎮圧することも可能だと示唆したものとみられます。

2019年の『国防白書』とその後の記者会見から、中国軍は今後、自らが認定した国内外の敵に対し、強硬手段を辞さない姿勢が示されました。

表に現れない民兵の強さ

中国軍が香港や台湾に対し、武力行使する際に、いきなり正規の軍を派遣するのではなく、まずは民兵を使うのではないかと分析する軍事評論家もいます。

実際、中国軍を分析すると、民兵には無視できない強い力があります。

中国国防法の中には、人民解放軍現役部隊および予備役部隊、人民武装警察部隊と並んで武装力量としての民兵組成が記載されており、その上「民兵は軍事機関の指揮下で戦備勤務、防衛作戦任務、社会秩序の維持と補佐を担う」と規定されています。

中国共産党は革命時代、民兵の力を戦争に活用しました。敵が支配している地域で、民兵は鉄道を破壊したり、地雷を埋めたり、物資を運んだりして軍を支えました。

民兵のメンバーは、正規兵の兵役を終えた退役軍人が中心ですが、兵士になったことのない健康な若者のケースもあり、全国の民兵の数は800万人とも1000万人ともいわれています。平時は民間人と同様、農民や労働者として働いていますが、毎年、数週間の軍事訓練を受けなければなりません。

２０１８年夏に中国北部で民兵訓練に参加した人によれば、約４００人が1カ所に集められ、砲兵中隊、偵察中隊、歩兵中隊、通信中隊の４つのチームに分かれ、隊列行進、戦術訓練、格闘訓練、体力訓練、射撃訓練などが行われました。ほとんどの訓練は毎年同じく手慣れたものだそうですが、体力訓練は、重い荷物を背負って約5キロを行進しなければならないため、最もきつかったと話していました。

一方、民兵を召集して準軍事任務を実施する場合もあります。

２０１9年6月から香港で続いた「逃亡犯引き渡し条例改正案」への反発に端を発した一連の反政府デモ隊に対して、中国から渡ってきたとみられる男の集団が暴行を働いたという例があります。その正体は、香港を攪乱するため、広東省から派遣された私服警察との説もありますが、広東省の民兵ではないかと主張する香港のメディア関係者もいます。

近年の中国民兵の活動といえば、尖閣周辺への侵入が最も有名です。２０１２年以降、毎年夏になると、中国が領有権を主張する尖閣諸島周辺に大量の中国漁船が押し寄せていますが、その主役を果たしているのが福建省と浙江省の海上民兵であることは明らかになっています。海上民兵とは、漁民や離島住民のほか、海運業者、港湾等海事関係者により組織され、海で活動する民兵です。

筆者は北京に駐在していた２０１６年に、福建省沿海部の泉州を訪ね、地元軍から指示を受けた海上民兵が漁民を束ねる尖閣諸島の周辺海域に赴き、その地理的状況や日本側の巡回態勢に関する情報収集などの任務を担っている実態を取材し、産経新聞に掲載された記事は大きな反響を呼びました。

当時の取材メモによれば、２０１６年8月上旬に尖閣周辺に集まった約４００隻の漁船には少なくとも１００人以上の海上民兵が乗っており、ほとんどが船長など漁船を指揮できる立場にありました。彼らの船には中国独自の衛星測位システムが設置されており、海警船などと連携をとりながら、前進、停泊、撤退などの統一行動を取ったのです。帰国後は、政府から燃料の補助のほか、船の大きさと航行距離、貢献の度合いに応じて数万元から十数万元（数10万～２００万円）の手当をもらったといいます。

また、地元の漁民によると、福建省や浙江省の港から尖閣近くまでは20時間以上もかかり、大量の燃料を使います。魚群を発見しなければ赤字になってしまう上に、作業中日本の海上保安庁の船から妨害されることもあるため、普段は敬遠する漁民が多いといいます。しかし、２０１６年の休漁期間中（4月1日から7月31日）、複数の漁船が当局から「8月に釣魚島に行くように」と指示されたそうで、海警船による護衛も示唆されました。漁船が尖閣に向かった際は、海上民兵が船長を務める漁船がリーダー的な存在となっていました。

２０１６年の統一行動は、日本政府に圧力をかけることが目的で、中国当局は事前に動員、訓練など準備を重ねました。福建省石獅市では、同年7月下旬、１６０名の海上民兵が同市にある大学、泉州海洋学院の軍事訓練を受け、浙江省でも同様の訓練を実施していたといいます。日本に対して憎しみを増幅するために、「金陵十三釵（南京事件がテーマ）」や「一九八四・甲午大海戦」（日清戦争がテーマ）といった映画を思想教育の一環として鑑賞させたそうです。

当時の国防相・常万全は出発前の7月末、浙江省の海上民兵の部隊を視察し「海上における動員準備をしっかりせよ。海の人民戦争の威力を十分に発揮せよ」などと励ましました。

最近の日中関係の改善で、尖閣周辺の中国漁船の数は減りましたが、台湾周辺で増える傾向にあるといわれています。今後、対外拡張を推進する中国軍の動向を観察するにあたっては、その先兵である民兵の動きもチェックする必要があるでしょう。

強化される核戦力

人民解放軍の戦力を見ると、陸軍、海軍、空軍に加え、伝統的な武装力のほかロケット軍、戦略支援部隊といった新しい軍事力が台頭しています。

陸上兵力（約98万人）はインド、北朝鮮に次いで世界第3位の規模です。「30万人削減」の大部分は陸軍が対象になったといわれています。

1985年に創設された集団軍は陸軍の主力部隊で、1軍あたりの定員は5万から6万人で、下には師団、旅団が配置されています。これまでは18個だったものが軍改革で

13個に整理統合されました。削減された背景には、集団軍と習近平との間の権力闘争も指摘されています。陸軍の地位が相対的に低下する中で、こうした動きは、今後の部隊の士気にも影響しかねないといわれています。

ただし、依然その重要性が大きいことには変わりはありません。歩兵の数は減らしたものの、これまで弱点とされていた機動力を向上させるために、歩兵部隊の機械化を進めているほか、特殊部隊や水陸両用機械化部隊などの強化を図っています。

特に特殊部隊は新たなエリート部隊として注目を集めています。テロ対策などを担うため精鋭が集結しており、10個旅団、2個連隊があります。

これまで陸軍は地域防衛を主任務としてきましたが、これからは軍種を超えて全域を機動的にカバーする統合作戦能力を持った部隊となることが課題とされています。

海上兵力は、保有艦艇の数（約750隻）では、アメリカ、ロシアに次いで世界で第3位です。特に最近では習近平政権の進める「一帯一路」構想や海洋進出で活動領域が拡大しており、軍事力が大幅に強化されています。

海軍には北海艦隊（北部戦区）、東海艦隊（東部戦区）、南海艦隊（南部戦区）があり、北海艦隊は北朝鮮、日本海、東海艦隊は台湾や沖縄、東シナ海、南海艦隊は南シナ海やインド洋などを担当領域にしています。

各艦隊にはディーゼル攻撃潜水艦、駆逐艦、フリゲート艦、コルヴェット艦、戦車揚陸艦、中型揚陸艦、ミサイル哨戒艇などが配置されていますが、北海艦隊は空母や原子力攻撃潜水艦を保有、また南海艦隊は原子力弾道ミサイル潜水艦を有し、現在、建造中の国産空母もここに配備されるとみられています。

最強とされるのは南海艦隊で、南シナ海の人工島に上陸する海兵隊を有します。米国防総省の年次報告書によると海兵隊は、現在の2個旅団から7個旅団体制へ強化され、北海艦隊は1個、東海艦隊は2個、南海艦隊は4個まで拡大する見込みです。

中国最初の空母「遼寧」は2012年に就役しました。ウクライナの廃棄空母「ワリヤーグ」を購入して改修したもので、あくまで訓練用です。一方、国産空母は第1号が2017年に進水し、2020年にも就役するとみられています。3隻目も現在、上海郊外の造船所で建設中とみられ、フランスの空母「シャルル・ドゴール」(4万2500トン)よりも大型といわれています。

空母「遼寧」（写真／AFP＝時事）

習近平の描く青写真は２０３５年までに人民解放軍を近代化する方針で、香港のサウスチャイナ・モーニング・ポストによると、中国は２０３５年までに空母４隻を保有し、将来的には６隻体制を目指しているとされます。

一方、航空戦力（保有する作戦機約２８５０機）もアメリカ、ロシアに次いで世界第３位にあります。中国は、米国に対抗してアクセス阻止／エリア拒否（Ａ２／ＡＤ）能力を向上させており、この１つが空軍力です。海洋進出に加え、防空識別圏の設定などで挑発的な行動を繰り返しており、習近平は空軍力の強化を軍の大きな柱に据えています。

航空戦力で注目されるのは第４、５世代戦

戦闘機「殲11」（写真／時事）

闘機で、ロシアが開発した「Ｓｕ－27（スホイ27」）「Ｓｕ－30（スホイ30）」、中国主体で開発した「Ｊ－10（殲10）」「Ｊ－11（殲11）」「Ｊ－15（殲15）」「Ｊ－16（殲16）」などがあります。中でも「Ｊ－10（殲10）」は国産の主力戦闘機ですでに量産態勢に入っているほか、「Ｊ－15（殲15）」は空母「遼寧」に搭載されています。また第5世代戦闘機には「Ｊ－20（殲20）」ステルス戦闘機があり、２０１８年2月に作戦部隊への引き渡しが開始されました。さらに次のステルス戦闘機、「Ｊ－31（殲31）」の開発も進められています。

一方、核弾頭の搭載が可能とされる爆撃機の保有も進んでおり、新型の長距離爆撃機も開発中とされます。

現在、世界の航空機は無人化が進んでおり、アフガニスタン紛争やイラク戦争に投入されるなど米軍では無人機が主力になりつつあります。中国でも無人機の開発が急ピッチで進められ、海外に輸出されているほか、空軍無人機部隊の創設も計画中といわれており、今後、中国製無人機の拡大に警戒が高まりそうです。

中核となるロケット軍

ロケット軍の前身は１９６６年に創設された第2砲兵部隊で、習近平の軍改革で新たに名称を変更して誕生しました。陸、海、空と同列の軍種となり、中国の核戦略を担う中核として習近平がいかに力を入れているかがわかります。

ロケット軍は兵力10万人以上といわれ、中央軍事委員会の直接の指揮下にあります。核弾頭は推定２９０発（地上配備２２０発、海洋配備48発、航空機搭載20発）。大陸間弾道ミサイル（ＩＣＢＭ）、潜水艦発射弾道ミサイル（ＳＬＢＭ）、中距離弾道ミサイル（ＩＲＢＭ／ＭＲＢＭ）、短距離弾道ミサイル（ＳＲＢＭ）を保有します。

ＩＣＢＭの主力は「ＤＦ－５（東風５）」で最大射程は１万２０００～１万３０００キロ。２０１８年にはグアムのアメリカ軍基地が攻撃可能な射程３０００～５０００キロの「ＤＦ－26（東風26）」が実戦配備され、さらに新型ＩＣＢＭである「ＤＦ－41（東風41）」を開発中といわれています。毛沢東が「東風は西風を圧倒する」とスピーチしたことから、中国の地対地ミサイルはすべて「東風」と名付けられているといいます。

また射程８０００キロの潜水艦発射型弾道ミサイル「ＪＬ－２（巨浪２）」を搭載する晋級原子力潜水艦（ＳＳＢＭ）の運用も指摘されています。

ただ、核戦力においては、６０００発以上の核を保有するアメリカやロシアとは依然、大きな差があります。アメリカとロシアは１９８７年にＩＮＦ（中距離核戦力）廃棄条約を結びましたが、２０１９年８月２日に失効しました。廃棄された背景には、アメリカの中国の軍事台頭に対する懸念があったといわれます。その後、アメリカはアジア太平洋地域へ地上発射型中距離ミサイルを配備する考えを示し、同年８月18日に中距離巡航ミサイルの発射実験を実施しました。

今後、アメリカのこうした動きに対抗して、中国は核戦力を強化していくものと考えられ、ロケット軍の役割は一層高まるとみられます。

脅威を秘めた戦略支援部隊

戦略支援部隊は陸海空やロケット軍とは同じ軍種ではなく、中央軍事委員会が直接指揮する特殊な部門に位置付けられています。習近平の軍改革の大きな注目点として関心を集めましたが、詳しいことは明らかにされていません。

『防衛白書』によると、中国は「宇宙空間およびネットワーク空間は各方面の戦略的競争の新たな要害の高地（攻略ポイント）」であると表明しており、これまでの戦争形態とは異なる新たな戦争分野、すなわち情報戦やサイバー戦、宇宙戦などを実践、対処する部隊であるとみられています。戦略支援部隊は陸海空やロケット軍から人員が集められており、部隊が設置されて半年後には、各国でサイバー攻撃の頻度が急速に増えたという指摘もあります。習近平は「国の安全を守る新しいタイプの作戦力」だと述べており、今後、人民解放軍の中核的な役割を担うと考えられます。

一方、中国の宇宙開発については、2016年に公表された白書『2016中国の宇宙』には「宇宙強国の建設」や「中国の夢の実現」といった方針が示され、宇宙開発を官、民、軍が一体となって推進していくとされています。中国には有人宇宙飛行船「神舟」の打ち上げ基地として知られる「酒泉衛星発射センター」のほか「太原衛星発射センター」「西昌衛星発射センター」さらに海南島に「文昌衛星発射センター」が置かれ、これらは戦略支援部隊「航天系統部」の指揮下にあります。また、独自の宇宙ステーションの建設に乗り出し、「将来的にはアメリカの宇宙における軍事優位を脅かす」(『防衛白書』)と指摘されています。

人民武装警察部隊は1982年に設立され、中央軍事委員会の指揮下にあります。大衆抗議活動に加えて、少数民族独立運動の警戒にあたっていますが、2018年には尖閣諸島周辺で活動していた中国海警局が武装警察部隊に編入され、注目されました。これにより海警局は国務院の管轄下から軍事組織に変更されました。海警局は巡視船や退役駆逐艦、フリゲート艦などを保有しており、海上保安庁によると、2012年には1000トン以上の大型公船は40隻台だったのが、3年後には120隻と3倍になり、さらに2019年には145隻まで強化されると分析され、尖閣諸島周辺では公船の大型化や武装化が進んでいることが確認されています。

また、民兵は、平時は国境や離島の監視、災害対応などにあたっていますが、有事においては軍事任務について前線を後方支援します。正確な総数は不明ですが、800万人から1000万人いるとされ、サイバー部門の強化に伴い、ハイテク民兵分隊も組織されているといわれています。

中央軍事委員会こそ権力の源泉

こうした人民解放軍を指揮するのは中央軍事委員会です。中央軍事委員会は中国の最高権力組織で、主席は中国の最高権力者です。先にも述べましたが、中央軍事委員会は、共産党中央軍事委員会と国家中央軍事委員会があり、この2つのメンバーは同一です。党中央軍事委員会のメンバーは5年に1回開かれる党大会で選出され、さらに国家中央軍事委員会メンバーは全人代で、党中央軍事委員会と同じメンバーが選ばれます。実権があるのが党中央軍事委員会です。

現在のメンバーは、主席が習近平、副主席は許其亮上将と張又侠上将、委員は魏鳳和上将、李作成上将、苗華上将、張升民上将の7人。

主席には必ずしも党総書記や国家主席が就任するわけではありません。鄧小平は一度もそのポストには就きませんでした。逆に、胡耀邦や趙紫陽は中央軍事委員会主席にはなれませんでした。中央軍事委員会主席とはそのときの最高実力者が就くポストであり、鄧小平はこの主席を務めたために、だれも歯向かうことはできなかったのです。

毛沢東が述べたように、中国では「政権は銃口から生まれる」といわれます。法治国家においては、国民から選出された大統領や首相が軍の最高指揮官となり、シビリアン・コントロール（文民統制）のシステムが構築されていますが、中国においては中央軍事委員会主席が最高ポストです。毛沢東をはじめ、鄧小平も江沢民も中央軍事員会主席のポストに執着しました。このことは、人民解放軍こそが、中国の権力の源泉であることを如実に物語っているといえるでしょう。

あとがき

この本の執筆に当たり、中国共産党と人民解放軍の誕生から今日までの歩みをもう一度読み返してみました。「虚言と捏造で固めた歴史だ」というのが素直な感想です。

１９３０年代の紅軍時代、国民党軍に敗れ、南から北へ徒歩でほぼ中国の半分を縦断し、８万人以上いた兵士を数千人にまで減少させた大逃亡劇の目的を、「満州の日本軍と戦うために北上した」と主張し、「長征二万五千里」と党の栄光事業に位置付けています。

その後、革命根拠地の延安で、幹部たちの特権的な暮らしぶりを隠し、共産党支配地域では「公正」が実現されていると米国人ジャーナリスト、エドガー・スノーをだまして『中国の赤い星』を書かせ、世界中の同情を集めました。

日中戦争では日本軍とほとんど戦っていないにもかかわらず、今も「抗日戦争の中流砥柱（中心となって支える大黒柱）の役割を果たした」と国内外に宣伝し続けています。

新中国建国後、毛沢東も鄧小平も「永不称覇」（永遠に覇を唱えない）と国際社会に再三にわたって宣言したにもかかわらず、習近平政権は、南シナ海や東シナ海などで対外拡張を続け、他の国が領有権を主張する場所に人工島を造成して、軍事拠点化を進めています。その動きは、国際社会の常識から見れば、覇権主義以外の何者でもありません。

日本には、歴史的経緯から、古代中国を中心に親しみを感じる親中派と呼ばれる人々が多数います。あの偉大な孔子を生んだ国だから、耳を傾けるべきだと主張する政治家や財界人も少なくありません。

また、農耕民族である中国人の侵略性を否定する意見もよく聞かれます。

しかし、毛沢東という独裁者が作った共産党政権は、ソ連の全体主義から深い影響を受けており、文化大革命を起こして、儒教をはじめ中国伝統の良いところをほぼすべて否定しました。

今の習近平は本質的に毛思想を引き継いでおり、国内で民族主義を煽り、対外拡張に猛進する新しい独裁者です。中国人民解放軍はその独裁者の私兵で、「中華民族の偉大なる復興」という覇権の実現に向けて着々と準備を整えています。

この本は、中国共産党と人民解放軍の危険性に焦点を当てました。いまだに中国に幻想を抱く日本人に警鐘を鳴らすことが、この本を執筆した目的です。

出版にあたり、編集や執筆サポートに携わっていただいた産経新聞の先輩である宇都宮尚志氏や、株式会社ワニ・プラスの小幡恵さんにお世話になりました。感謝を申し上げます。

2019年9月

矢板明夫

【中国の主な出来事】

1920年代

年	月	出来事
21年	7月	中国共産党が上海で設立される
24年	1月	第1次国共合作
27年	4月	蒋介石が上海クーデター（4・12事件）を起こす。第1次国共合作が終焉
	8月	南昌暴動
	9月	秋収暴動。毛沢東が三湾改編。毛沢東が井崗山に革命根拠地を建設

1930年代

年	月	出来事
30年	12月	蒋介石が共産党への全面的攻勢を開始（第1次囲剿戦）
31年	3月	第2次囲剿戦
	7月	第3次囲剿戦
	9月	満州事変が勃発
32年	6月	第4次囲剿戦
33年	10月	第5次囲剿戦
34年	10月	長征開始（～36年）

35年	1月	長征途中の中国共産党指導部による遵義会議で毛沢東が指導権を確立
36年	12月	張学良が蒋介石を西安で監禁（西安事件）
37年	8月	中国工農紅軍が国民政府軍事委員会の指揮下に改編され、「国民革命軍第八路軍」に
	9月	第2次国共合作が成立
	10月	残留していた紅軍を再編成し「新四軍」が誕生
38年	5月	毛沢東が「持久戦論」を発表

●1940年代

45年	4月	毛沢東が「連合政府論」
	8月	日本が無条件降伏
46年	6月	国共内戦が本格化
47年	3月	国民党軍が延安を占領、共産党軍が反撃を開始
	10月	「中国人民解放軍宣言」を発表
48年	9月	遼瀋戦役（国共内戦の1つ。淮海、平津も同じ）
	11月	淮海戦役
	12月	平津戦役

49年	1月	蒋介石が総統辞任を発表。人民解放軍が北平に進駐
	4月	海軍を創設。国民党が「和平5原則」を提案。人民解放軍が南京を占領、5月には武漢、西安、上海を占領
	10月	毛沢東が中華人民共和国樹立を宣言。ソ連と国交樹立
	11月	空軍を創設
	12月	国民党が台湾へ移る。毛沢東がモスクワを訪問しスターリンと会見

●1950年代

50年	6月	北朝鮮が38度線を越えて南進。朝鮮戦争勃発
	10月	朝鮮戦争に中国義勇軍が参戦
51年	10月	人民解放軍がチベットに進駐
53年	7月	朝鮮戦争休戦協定に署名。彭徳懐が中国人民義勇軍に停戦命令
54年	9月	人民解放軍、金門島を砲撃（第1次台湾海峡危機）
	9月	毛沢東が中央軍事委員会主席に就任
56年	4月	毛沢東が「百花斉放、百家争鳴」を提唱
57年	4月	人民日報が「整風運動に関する指示」掲載。党批判が高まる

年	月	出来事
58年	5月	大躍進運動開始
	8月	人民解放軍が金門島を砲撃（第2次台湾海峡危機）
59年	3月	ダライ・ラマ14世がインドへ亡命
	4月	劉少奇、国家主席に就任
	7月	廬山会議で大躍進運動を議論。彭徳懐が批判し解任される
	9月	林彪が国防相に就任

●1960年代

年	月	出来事
60年	4月	中ソ対立が表面化
61年	1月	中国共産党、大躍進運動を停止
		中ソ関係が決裂
62年	10月	中印国境紛争が勃発
64年	10月	初の原爆実験をロプノールで実施
66年	2月	「文化大革命五人組の報告綱要」を公表
	5月	中央文革小組設置
	8月	第8期11中全会で「プロレタリア文化大革命についての決定」を採択

68年	10月	劉少奇、党籍をはく奪される
69年	3月	珍宝島（ダマンスキー島）で中ソが武力衝突
	4月	林彪が毛沢東の後継者に
	11月	劉少奇が死去

●1970年代

70年	4月	中国が初の人工衛星を打ち上げ
71年	7月	キッシンジャー米大統領補佐官が秘密訪中
	9月	林彪がクーデター未遂（林彪事件）
	10月	中国、国連に復帰。台湾は国連から離脱
72年	2月	ニクソン大統領が訪中、米中上海コミュニケを発表
	9月	日中国交正常化
73年	4月	鄧小平が復活
74年	1月	西沙諸島の領有権をめぐり南ベトナムと武力衝突
75年	4月	蔣介石が死去。蔣経国が国民党主席に就任
76年	1月	周恩来首相が死去

76年	4月	天安門事件が発生。華国鋒が首相に就任、鄧小平の全職務解任を決定
	9月	毛沢東死去。10月に四人組が逮捕され文化大革命が終了
	10月	華国鋒が党中央軍事委員会主席に就任
77年	7月	鄧小平、全職務回復
	8月	「第一次文革終結」宣言
78年	12月	第11期三中全会で改革開放路線が決定。ベトナム軍カンボジア侵攻
79年	2月	人民解放軍がベトナムに侵攻（中越戦争）
80年	8月	華国鋒に代わって趙紫陽が首相就任
81年	6月	鄧小平が中央軍事委員会主席に就任。華国鋒に代わり胡耀邦が党主席に就任
85年	6月	鄧小平、人民解放軍の「100万人削減」開始
88年	3月	南沙（スプラトリー）諸島海戦
89年	3月	ラサ暴動で戒厳令
	6月	天安門広場で民主化を求めて集結していたデモ隊に軍隊が武力行使（天安門事件）
	11月	江沢民が党中央軍事委員会主席に就任

1990年代

90年	4月	中国が国連平和維持活動に参加
92年	1月	鄧小平が南巡講話発表
95年	7月	台湾総統選挙にからみ人民解放軍が台湾沖にミサイル発射。以後、96年にかけて第3次台湾海峡危機
96年	3月	アメリカが艦船の増強を命じ、台湾周辺海域に空母機動艦隊を展開
97年	2月	鄧小平が死去
	7月	イギリスが香港を返還。人民解放軍部隊が香港に駐屯
99年	12月	ポルトガルがマカオを返還。人民解放軍部隊がマカオに駐屯

2000年代

01年	4月	海南島付近で米海軍の偵察機と人民解放軍の戦闘機が空中衝突
04年	9月	胡錦濤が党中央軍事委員会主席に
05年	3月	反分裂国家法が成立
08年	5月	四川大地震が発生

●2010年代

年	月	出来事
12年	11月	習近平が党総書記、党中央軍事委員会主席に選出
14年	9月	香港で抗議デモ「雨傘運動」が始まる
15年	9月	習近平が「30万人兵力削減」を発表
	11月	習近平と台湾の馬英九総統による初の中台首脳会談
	12月	「第2砲兵」を「ロケット軍」に改称
16年	7月	常設仲裁裁判所が南シナ海の中国領有権を退ける
17年	4月	初の国産空母が進水
18年	1月	香港と中国本土を結ぶ高速鉄道の駅の法律適用巡り、香港で抗議運動
	7月	中国海警局が中国人民武装警察部隊に編入
	12月	ファーウェイ副会長の孟晩舟容疑者が逮捕
19年	3月	中国の軍事予算が1776億ドルで前年比7・5％増
	6月	香港で「逃亡犯引き渡し条例改正案」の反対デモ

参考文献

『当中国統治世界』（Martin Jacques／聯経出版社　２０１０年）
『大閲兵』（顧軍／明鏡出版社　２００９年）
『双規前後』（海舟／明鏡出版社　２００９年）
『中国民変』（黄小芹／明鏡出版社　２００９年）
『中南海十面埋伏』（頼清秀編集／明鏡出版社　２００９年）
『軍中少壮派掌握中国兵権』（許三桐／哈耶出版社　２００９年）
『正在進行的諜戦』（聞東平／明鏡出版社　２００９年）
『三十年河東』（楊継縄／武漢出版社　２０１０年）
『習近平政権保衛戦』（暁沖編集／夏菲爾　２０１１年）
『太子党金銭帝国』（南雷編集／文化芸術出版社　２０１１年）
『習近平：以党史為鑑』（劉宏偉／哈耶出版社　２０１８年）
『中共百年　看習近平十年』（洪耀南／新鋭文創　２０１７年）
『中国共産党　従一大到十五大（上、下）』（韓泰華／北京出版社　１９９８年）
『１９７８：中国運命大転折』（葉永烈／広州出版社　１９９７年）
『我的父親鄧小平「文革」歳月』（毛毛／中央文献出版社　２０００年）
『外交十記』（銭其琛／世界知識出版社　２００３年）
『我的回憶（上、下）』（張国燾／東方出版社　２００４年）
『晩年周恩来』（高文謙／明鏡出版社　２００３年）

『中国改革年代的政治闘争』（楊継縄／天地図書　２０１０年）
『劉華清回憶録』（劉華清／解放軍出版社　２００４年）
『紅太陽的隕落　千秋功罪毛沢東（上、下）』（辛子陵／書作坊　２００７年）
『鄧小平文選（１－３巻）』（鄧小平／人民出版社　１９９４年）
『人民解放軍』（竹田純一／ビジネス社　２００８年）
『平成30年版防衛白書』（防衛省　２０１８年）
『国防白書』（中国国務院新聞弁公室　２０１９年）
『鄧小平秘録（上、下）』（伊藤正／産経新聞社　２００８年）
『中国人民解放軍』茅原郁生（ＰＨＰ新書　２０１８年）
『中国人民解放軍の全貌』（渡部悦和／扶桑社新書　２０１８年）
『中国人民解放軍の実力』（塩沢英一／ちくま新書　２０１２年）
『〈軍〉の中国史』（澁谷由里／講談社現代新書　２０１７年）
『米軍と人民解放軍』（布施哲／講談社現代新書　２０１４年）
『中国はなぜ「軍拡」「膨張」「恫喝」をやめないのか』（櫻井よしこ、北村稔／文藝春秋　２０１０年）
『中華人民共和国史』（天児慧／岩波新書　１９９９年）
『南シナ海』（ビル・ヘイトン著、安原和見訳／河出書房新社　２０１５年）
『日本と中国、もし戦わば』（樋口譲次／ＳＢクリエイティブ　２０１７年）
『中国近現代史』（小島晋治、丸山松幸／岩波新書　１９８６年）
『中国共産党史 上下』（大久保泰／原書房　１９７１年）

中国人民解放軍 2050年の野望

米軍打倒を目指す200万人の「私兵」

著者 矢板明夫

2019年10月25日 初版発行
2019年12月5日 2版発行

矢板明夫（やいた あきお）
産経新聞外信部次長

1972年中国天津市生まれ。15歳のときに残留孤児2世として日本に移り住む。1997年慶應義塾大学文学部卒業。同年松下政経塾に入塾（第18期）。研究テーマはアジア外交。その後、中国社会科学院日本研究所特別研究員、南開大学非常勤講師などを経て、2002年中国社会科学院大学院博士課程修了後、産経新聞入社。さいたま総局などを経て、07年から産経新聞中国総局（北京）特派員。17年から現職。著書に『習近平の悲劇』（産経新聞出版）、『習近平　なぜ暴走するのか』（文春文庫）、『私たちは中国が世界で一番幸せな国だと思っていた』（石平氏との共著、ビジネス社）など。

発行者 佐藤俊彦
発行所 株式会社ワニ・プラス
〒150-8482
東京都渋谷区恵比寿4-4-9 えびす大黒ビル7F
電話 03-5449-2171（編集）
発売元 株式会社ワニブックス
〒150-8482
東京都渋谷区恵比寿4-4-9 えびす大黒ビル
電話 03-5449-2711（代表）
装丁 橘田浩志（アティック）
柏原宗績
編集協力 宇都宮尚志
図版／DTP 平林弘子
印刷・製本所 大日本印刷株式会社

ISBN 978-4-8470-6159-2
ワニブックスHP https://www.wani.co.jp